瘦肉型猪

饲养管理及疫病防制

彩色图谱

徐有生　主编

中国农业出版社

编委名单

主　任　何祖训

副主任　（按姓氏笔画为序）

　　　　李文荣　　李国强　　吴安立　　饶　婷

委　员　（按姓氏笔画为序）

　　　　李保德　　陈友福　　杜　健　　张朝金

　　　　赵树敏　　徐有生　　鲍学华

主　编　徐有生

副主编　刘少华　　孙锡斌　　陈焕然

编　者　徐有生　　刘少华　　孙锡斌　　陈焕然

　　　　刘俊彦　　李文荣　　胡永明　　杜金亮

　　　　张先勤　　梁　源　　梁崇利　　王德慧

　　　　杨　鹃

摄　影　徐有生　　刘少华

审　稿　高齐瑜

养猪专家语录

　　最精明的养猪者，是把最先进的科学养猪技术组装配套，用于自己的养猪场，而不是只靠支言片语指导养猪。

前　言

我国是世界养猪大国，猪的存栏量和猪肉产量均占世界第一位，同时，也是消费猪肉最多的国家；我国猪的品种资源丰富，但多为脂用型，不仅生长速度慢、瘦肉率低、不适合市场经济发展的需要，而且多为传统饲养。

我国政府历来重视养猪事业，不断从国外引进一些优良杂交配套系和瘦肉型种猪改良地方猪种。随着改革开放的不断深入，城乡人民生活水平不断提高，对外贸易不断扩大和持续增长，市场需要更多、更优质的瘦肉。猪的品种已由脂用型或脂肉兼用型向瘦肉型过渡；养猪业已由传统的家庭饲养方式逐步向养猪专业户、养猪小区、工厂化养猪方向发展。为了充分利用现代养猪新技术，发挥规模养猪经济效益高的优势，养猪业正向集约化饲养和产业化方向发展，步入了优质商品肉猪生产的轨道。这就是我国畜牧业产业化经营的发展方向。在这场大的变革中，传统的饲养方式远远不能适应，需要改变厩舍的设备和环境；需要从营养上满足瘦肉猪的营养需求；需要从生物安全、动物福利和防疫上来保障规模化、集约化养猪的要求，特别需要理论与实践结合以解决养猪实际问题为主的科学饲养技术。

养猪业的发展对繁荣农村经济，调整农村产业结购，增加农民收入，促进农村进步，丰富城乡人民的"菜篮子"，扩大对外贸易以及维护社会安定都起着极为重要的作用。养猪人和养猪科技工作者从事的是关系到社会安定和人类生存、健康、发展的事业，也是光荣的、伟大的事业。应该从各方面，特别是从科学养猪技术的普及、提高上给于扶持。为此，我们组织编写了《瘦肉型猪饲养管理及疫病防治彩色图谱》一书。编者们本着"改变农村传统生产模式，致力发展优质、高效农牧业，用科技武装农民，造就现代神农——知识型农民"的事业目标，总结了多年从事集约化、工厂化饲养优良瘦肉猪的成功经验，把标准化养猪的技术组装配套，把科学养猪原理融汇贯通于生产实践中，编制了瘦肉型猪饲养管理规程、防疫卫生规程、猪场消毒办法、免疫程序、保健程序等养猪生产中的适用技术，通俗、易懂、精炼、图文并茂；养猪生产中常用的参数齐全、科学实用。为了避免不必要的损失，对不同阶段猪的饲养和疫病防治中的一些误区做了特别提醒，并告知哪些事不能做。对于正在学习养猪技术的人，对于在养猪中屡遭挫折，正在苦苦探索的人来说，本书给您提供了迈向成功的"桥和船"。书中所列的84种猪病，都是编者们碰到过，并亲自诊断、亲自处理治疗过的，所制定的防治方案在实践中检验、逐步完善的。附有编者们临床诊断、病理剖检时亲自摄下的临床典型症状和病理剖检变化特征性的照片348张，一看就懂，和现实一对照就明白，用得上，对于想养猪但又怕猪生病的人来说，是最好的技术支持。本书特别适用于中、小型集约化、工厂化养猪场，对养猪专业户、养猪小区及畜牧兽医工作者也有很好的参考价值。本书的编写得到云南省曲靖市人大常委副主任李瑾和云南省绿色食品办主任、高级畜牧师文雅琴的鼓励和支持，特此感谢！

　　由于编者水平有限，错误再所难免，敬请批评指导。

2005 年 6 月

目　　录

第一章

瘦肉型猪饲养管理技术

第一节　瘦肉型猪的品种

我国饲养的瘦肉型猪品种主要是从国外引进的大白、长白、杜洛克及其二元杂、三元杂猪，汉普夏、皮特兰、PIC猪，也有自己育成的三江白猪、湖北白猪等。现将几个猪种及配套系猪简介如下：

一、大白猪

大白猪原产于英国约克县，故又称约克猪。大白猪体大、毛全白，在额头或个别部位有少量黑斑点，颜面微凹、耳大直立、背腰微弓、四肢较高、乳头平均7对。

母猪初情期5月龄左右，公猪达100千克体重时日龄162天，一般8月龄体重在120千克以上配种，窝均产仔10.9头，21日龄断奶窝均成活9头。90~100千克屠宰，胴体瘦肉率70%。

大白猪具有增重快、饲料利用率高，繁殖性能好，肉质好的优点，瘦肉猪三元杂交中大白猪常用作母本或第一父本。用大白猪作父本与地方品种猪杂交，其一代杂交猪日增重和胴体瘦肉率较母本都有较大提高。

二、长白猪

长白猪原产于丹麦，原名兰德瑞斯、长白猪为中文名，是1964年原浙江省北湖农牧场徐晓根据兰德瑞斯猪体形长和白色毛被的特点，将其取名为"长白猪"的。全身白色，体躯呈流线形，耳大向前平伸，背腰比其他猪都长，乳头7~8对。公猪达100千克体重日龄158天。

公猪体重达130千克左右，母猪体重达120千克以上配种，窝均产仔11.5头，21日龄断奶窝均成活10头。90～100千克屠宰，胴体瘦肉率64%。

长白猪具有生长快，节省饲料，瘦肉率高，母猪产仔多，泌乳性能好等优点，瘦肉猪三元杂交中，长白猪常用作父本或第一母本。用长白猪作父本与本地母猪杂交，杂交优势明显，其下一代杂交猪的生长速度和胴体瘦肉率都显著提高。

长白猪的缺点是体质较弱，抗逆性差，对饲料营养要求较高。

三、长大／大长（LY/YL）母猪

以长白为父本，约克为母本（LY）或以约克为父本，长白为母本（YL）生产的二元杂母猪，其生长性能如下：母猪达100千克体重日龄小于150天。窝均产仔11.8～12头，21日龄断奶平均成活10.5头。

四、杜洛克猪

杜洛克原产于美国纽约州，毛色从金黄色到暗红色，多为红棕色。颜面微凹，耳中等，耳后半部向前平伸，前半部下垂，体躯深广，肌肉丰满，四肢粗壮。

公猪达100千克日龄160天，母猪窝均产仔数9.5头，21日龄断奶窝均成活9头，胴体瘦肉率64%。

杜洛克猪适应性强，对饲料要求较低，能耐低温，对高温耐力差。瘦肉猪三元杂交中常用作第二父本。

五、杜长大／杜大长（DLY/DYL）肉猪

达100千克体重日龄159天，屠宰率75%，瘦肉率64%（以上种猪见图1）。

六、汉普夏猪

汉普夏原产于美国。毛色特征突出，即在肩颈接合部（包括肩和前肢）有一白带，其余均为黑色，故有"银带猪"之称，按照美国种猪登记协会规定尾、蹄可允许有白色。但若体躯白色超过2/3，或头部有白色，或上半身有旋毛或红毛就为不合格。汉普夏猪体形大，耳中等直立，嘴长而直，体躯较长，四肢粗短而背腰微弓。

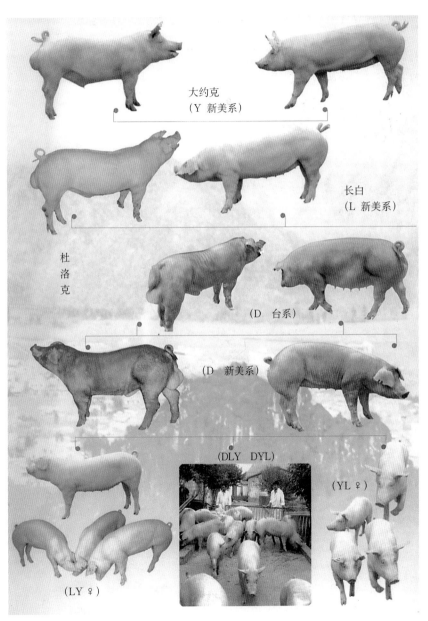

大约克
（Y 新美系）

长白
（L 新美系）

杜洛克

（D 台系）

（D 新美系）

（DLY DYL）

（YL♀）

（LY♀）

图1 猪三元杂交模式

公猪达 100 千克体重日龄 170 天，母猪窝均产仔 9 头，21 日龄断奶窝均成活 8.6 头。胴体瘦肉率 65%。

汉普夏猪具有瘦肉率高、胴体品质好的优点，公猪作父本与本地猪杂交能显著提高商品猪的瘦肉率。

汉普夏猪与其他瘦肉型猪比较，存在着生长速度慢、饲料报酬差的缺点。

七、皮特兰猪

皮特兰猪原产于比利时布拉特地区的皮特兰村。毛色呈灰白并带有不规则的深黑色斑，也有少数出现棕色毛。主要特点是瘦肉率高，后躯和双肩肌肉丰满。耳中等大小、略微向前，嘴大且直。体躯呈圆柱形，腹部平行于背部，背直而宽大，瘦肉率达 70% 以上。其缺点是生长缓慢、肉质不佳，氟烷基因检测阳性率高达 88%。主要用公猪与本地猪杂交提高瘦肉率。

八、PIC 配套系猪

PIC 配套系种猪（简称 PIC 猪），是英国 PIC 公司培育的 5 个专门化品系种猪。这 5 个品系是 L02、L03、L19、L11 和 L64，其中 L02、L19 和 L64 作父系，L03、L11 作母系。父系突出生长速度、饲料利用率和产肉性状；母系突出胎产仔数、哺乳力和适应性。

PIC 猪采用五系配套杂交，综合各品系的优点，利用杂交优势和性状互补效应，生产商品肉猪。

杂交模式（图 2）：

（1）用曾祖代的 L64（皮特兰）与 L11（大约克）交配，在所生仔猪中选公猪作种用，为父母代公猪（L402、图 3）；

（2）用曾祖代的 L02（长白）与 L03/L95（大约克）交配，在所生仔猪中选母猪作种用，为祖代母猪（L1050）；

（3）用曾祖代的 L19（白杜洛克）与祖代母猪 L1050 交配，在所生仔猪中选母猪作种用，为父母代母猪——康贝尔 22/康贝尔亚洲母猪（图 4、图 5）；

（4）用父母代公猪 L402 作终端父本与父母代母猪康贝尔 22/康贝尔亚洲母猪交配生产商品肉猪（图 6）。

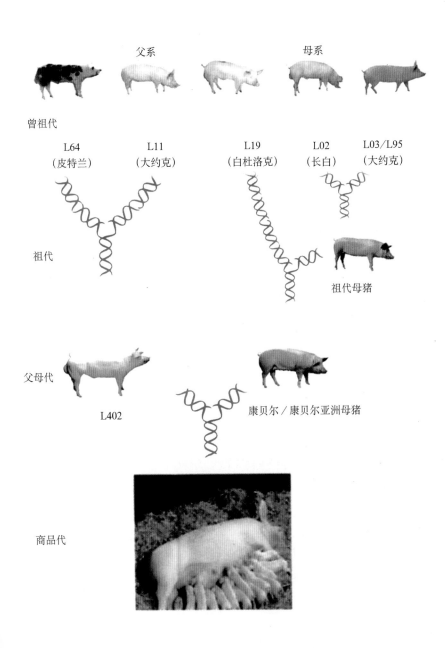

图 2　PIC 猪五元杂交繁育体系

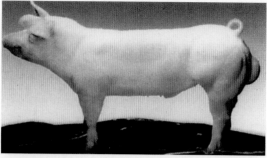

图 3　PIC402 公猪

图 4　PIC康贝尔22父母
　　　代母猪

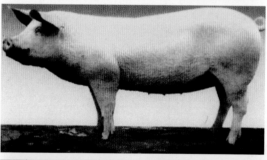

图 5　PIC 康贝尔亚洲父
　　　母代母猪

图 6　PIC 商品仔猪

PIC母猪窝均总产仔数13.17头、产活仔数12.53头、断奶仔猪10.91头，每头母猪平均年产仔2.4胎、产商品猪24头。25～50千克期间平均日增重560克，50～100千克期间平均日增重960克，出生至100千克日龄150天，胴体瘦肉率66%。

九、迪卡配套系猪

迪卡配套系猪是美国育成的专门化配套系猪，北京市1990年引进。由A、B、C、E和F 5个专门化品系组成，生产中由E（长白）和F（大约克）两系生产D系，A（汉普夏）和B（杜洛克）生产AB系，C（大约克）和D生产CD系，再由AB公猪和CD母猪生产商品代肉猪。该商品代肉猪50～74千克之间育肥，平均日增重800克，料重比3.0：1，胴体瘦肉率60%。

十、国内育成的瘦肉型猪

我国本地猪的瘦肉率一般在40%左右，我国畜牧专家应用本地猪为母本，约克猪、长白猪等作父本，育成了三江白猪、湖北白猪等瘦肉型猪和冀合白猪、胜利、光明猪配套系。这些猪的瘦肉率达到50%～69%，平均日增重可达800克左右，6月龄体重可达90千克。肉质比外种猪好、抗逆性比外种猪强，而且较耐粗饲。

第二节 瘦肉型种猪的选择

一、公猪的选择

常言道："公猪好好一坡，母猪好好一窝"。这充分说明选择公猪的重要性，公猪品质好，对猪的繁育起着非常重要的作用，1头公猪可以承担15～20头母猪的配种任务，好的公猪可承担20～25头。如果是人工授精，1头公猪可以承担50头母猪的配种任务，一年可以生产上万头仔猪。因此，要认真选择种公猪。

选择种公猪时，首先要了解其系谱，选择具有高性能指数且身体结实的公猪。两个睾丸要发育良好、对称，不能有两性体、疝气、隐睾等异常情况。腹部既不下垂，也不过分上收。种公猪身体结实是非常重要的，要有强壮的、端正的肢蹄，对不能自由活动，具有直腿或弓形背的不能作种公猪用。对种公猪也要选择乳头，因为公猪可以遗传瞎奶头、翻转乳头给其所生的小母猪，乳头要求 7 对以上。选育公猪时一般在 3 头成年公猪中，选留 1 头后备公猪，要求 8 月龄、体重 120 千克以上。

二、后备母猪的选择

选择后备母猪首先要选择乳房发育好，有12个，最好是14个发育完整、沿着腹底线均匀分布、功能完好的乳头。瞎奶头、翻转奶头以及排列不整齐的畸形奶头（图7、图8、图9），

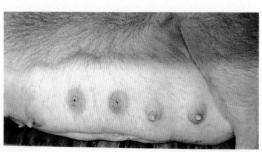

图7　母猪瞎乳头

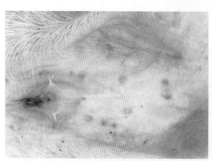

图8　母猪乳头排列不整齐

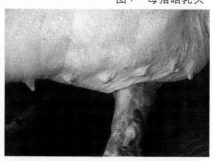

图9　右侧2、3、4为翻转奶头

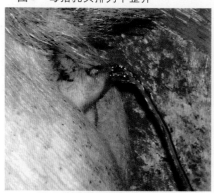

图10　母猪阴户过小又上翘,排尿往上冲

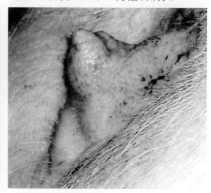

图11　母猪阴户过分上翘

一般不宜作后备母猪。还要选择外生殖器大小和形状合适，不会防碍正常交配和以后的分娩。阴户过小或阴户过分上翘的（图10、图11），一般也不宜作后备母猪。更不能有两性体、疝气等异常情况。后备母猪身体要结实，肢蹄健状尤为重要，因为母猪配种时要支撑公猪体重。选择后备母猪要求有一定年龄的体重，例如150日龄体重达100千克。

第三节 建立生物安全体系，实现健康养猪

生物安全体系是指采用疫病综合防制措施，预防新的传染病传入猪场和在场内传播的一系列措施、办法、规章制度和技术规程。生物安全体系是现代养殖生产中保障动物健康的管理体系。现代养猪的特点是集约化、工厂化、高密度、空气污浊、粪便多、易发生和传播疾病。因此，建立生物安全体系，尽量满足猪的福利需要，尊重猪的自然习性，为猪群创造一个良好的生长和繁育条件，让猪最大程度地发挥自己的生物潜力应对一切可能的侵害，最大程度地取得优质高效的回报。饲料营养决定猪的健康，保证猪摄入平衡营养，增强猪的体质，提高猪群整体健康水平，减少、控制疾病发生，保证猪体健康，实现健康养猪。动物要健康生存，自身的抗病潜力是基础，生产管理体系是必备条件，营养、饲养是关键。增强猪的抗病能力、适应能力，发挥出生产潜力、生产出绿色肉猪，创造出更大效益，就更显得特别重要。

一、猪场的选址、布局及设施

（一）猪场场址的选择 猪场的选址，首先要考虑的是猪场不受周围环境所污染，尽量远离屠宰场、畜产品加工厂、化工厂、拉圾场、污水处理场和其他污染源。也不致成为周围环境的污染源。猪场要远离村庄、居民居住区、学校、水源等处，猪场最好充分利用天然防疫屏障，尽量将猪场建在山区、丘陵地带的山涧。猪粪尿要达标排放或零排放。猪场要建在地势高燥、背风、向阳、便于排水的僻静地区。猪场要建在方便交通，便于饲料运入和猪只运出的地方，要有充足的供电。猪场要建在水源充足、不被污染、水质卫生良好之处。

（二）布局 猪场布局应按生活、办公区－生产设备配套区－生产

区排列，并做到生活、办公区与生产区分开，至少有200米以上距离；为了减少经营办公时外来人员及车辆带来的污染，最好将办公区设计在远离饲养场的城镇中，把养猪场变成一个独立的生产机构，这样既便于信息交流及猪只的销售，又有利于防止养猪场外来传染病的传入，利用天然屏障对养猪场进行隔离。

生产区一般按繁殖舍、分娩舍、保育舍、生长舍、肥育舍排列，分娩舍和保育舍在上风口。生产区最新的、最有利于防疫的布局是三点式生方方式，即配种、怀孕、产仔在一个分场；保育、生长（8周）在一个分场；肥育猪一个分场。各分场的距离最好在1～3千米之间，各猪舍与猪舍间至少要有8～10米的缓冲带。

搞好水源设计与净化，提高饮水质量标准。猪场用水井必须建在远离猪舍200～500米以外的地方，不要在猪场内或猪舍内打井，水井深度要求在30米以下，不能用地表水或池塘水。水塔或水箱中定期添加0.000 8%～0.001%氯类消毒剂进行水质净化。

（三）进行合理的猪舍设计，为猪群创造良好的生活环境　进行合理的猪舍设计，为猪群创造良好的生活环境。猪舍及其设施条件原则上要满足猪的生理需要，保证舍内适宜的温度和湿度、低含量的有害气体、足够的生活空间等。

1.温度的控制　做到冬季保温、夏季防暑，尤其要加强对哺乳仔猪的保温和对种猪的防暑，注意控制舍内温度稳定、减少温差。

2.有害气体的调控　一是要加强猪舍的通风换气，但在冬季要注意解决好通风换气与保温的矛盾；二是减少粪尿的蒸发，防止舍内大量堆积粪尿，采用小排污沟、清干粪的设计；加强对猪群定点排粪尿训练，及时清理粪便。

3.生活空间　猪的良好生长需要有足够的生活空间，依据猪的个体大小和用途确定饲养密度和圈舍空间。通常圈舍要有采食区、休息区和生活区，采食区要满足所有猪同时采食所需的采食面，休息区要满足所有猪同时侧卧所需的空间，种猪需要运动、要有足够的运动场。

集约化养猪中，母猪妊娠前期定位饲养、高床产仔和高床保育是关键技术，设备要现代化的，目前，比较适用、先进的单体栏、产仔床、育仔床是北京慧怡公司的高压静电喷塑猪床（图12）。

小猪怕冷。哺乳仔猪、保育猪需要在35～24℃的温度下才能较好地生长，在气温较低的地区或寒冷的冬、春季节，产房和保育舍的供暖是一个难题；大猪怕热。在热带、亚热带或炎热的夏季，后备猪、母猪（特别是妊娠母猪）、种公猪和育肥猪，需要降温；加之集约化养猪密度高、粪尿多，猪舍内的氨气重、空气污浊，对猪生长不利，特别易诱发呼吸系统疾病。因此，在猪舍（特别是产房和保育舍）内，如能有一种既能供暖，又能降温、通风、除湿、排污气的设备就非常理想。目前，北京慧怡工贸有限公司研制的"慧怡牌畜禽舍用中央空调"这种专利设备，就具有上述5种功能（图13）。

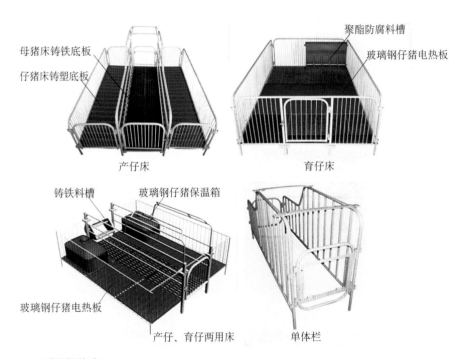

母猪床铸铁底板
仔猪床铸塑底板
聚酯防腐料槽
玻璃钢仔猪电热板

产仔床　　　　育仔床

铸铁料槽　　玻璃钢仔猪保温箱
玻璃钢仔猪电热板

产仔、育仔两用床　　单体栏

型号规格表：

产品名称	长（mm）	宽（mm）	高（mm）	材　料
产仔床	2 200	1 800	500	铸铁及塑漏混用
育仔床	2 200	1 800	700	塑钢漏粪板
产仔育仔两用床	2 200	1 800	700	塑钢铸铁漏粪板
单体栏	2 200	700	1 100	钢筋

图12　高压静电喷塑猪床

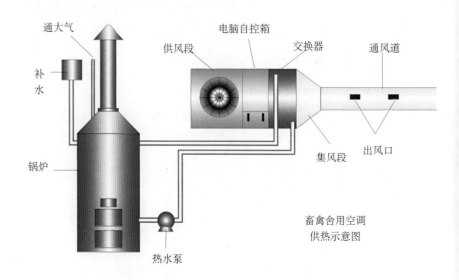

畜禽舍用空调
供热示意图

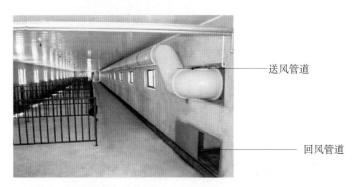

图13　畜禽舍用中央空调

畜禽舍用中央空调是根据宾馆商厦中央空调原理研制而成的新型养殖专用空调，该设备由无压锅炉、水循环系统、空调机组、送风管道、电脑温控五大部分组成。温度可调，正压送风空气新鲜、结构简单，使用效果明显，冬季供暖18~36℃，夏季该设备输入12~15℃地下水可降温5~7℃，通风、降温、排污于一体，在不同的条件下能使畜禽成活率提高5%~15%，降低肉料比5%~10%，同等条件比暖气、热风炉供暖方式节省运行费用30%~60%。该设备使用寿命10年以上。

（四）污染物排放　控制养猪生产中的废水、粪、渣和恶臭对环境的污染，维护生态平衡既是养猪场自身发展的需要，也是《环境保护法》、《水污染防治法》、《大气污染防治法》及国家《畜禽养殖业污染物排放标

图14 干清粪养殖工艺污水处理

1. 固液分离机：

　　适用于从悬浮液中去除固体杂质。是一种简单、高效、维护方便的水处理设备，BOD的去除率相当于初次沉淀，可以广泛应用于回收有用固体杂物的废水处理（20%以上除污率）。

2. 水解酸化池：

　　在该池内利用水解和产酸微生物，将污水中的固体、大分子和不易生物降解的有机物降解为易于生物降解的小分子有机物，通过酸化水解可使废水中残余的抗菌素失去效用，防止抗菌素抑制生物处理中的微生物（30%以上除污率）。

3. CASS池（周期循环活性污泥法）：

　　在预反应区，微生物通过酶的快速转移机理迅速吸附水中大部分可溶性有机物，经历一个高负荷的基质快速积累过程，这对进水水质、水量、pH和有毒有害物质起到较好的缓冲作用。同时，对丝状菌的生长起到抑制作用，可有效防止污泥膨胀，在主反应区经历一个较低负荷的基质降解过程。微生物处于好氧－缺氧－厌氧周期变化后具有较好的脱氧、降磷功能（83.3%以上除污率）。

准》的要求。集约化、规模化的养猪场要采用先进的科学技术和生产工艺进行粪尿处理，例如北京慧怡工贸有限公司研制的固体分离机、水解酸化池、CASS池在处理猪粪尿时比较适用，处理后的污水能达到国家废水处理标准（图14）。

　　（五）实施废弃物处理工程，创造洁净的饲养环境　目前，猪场粪便处理方法比较落后,多数采用堆集或就地施肥,这种处理方式不但影响环境卫生,而且很容易造成猪病传播。因此,应借鉴国外的先进经验,将粪便进行发酵或干燥灭菌除臭处理。我国畜牧场废弃物处理利用定型设备生产较少,北京慧怡工贸有限公司研制的FTW卧式有机肥发酵塔,既可生产出优质、高效、廉价的有机肥料,同时又能在治理畜牧场污染方面大显身手(图15)。

FTW系列卧式发酵塔主要性能及技术指标

型 号	配套功率(kW)	日耗电(度)	占地面积(m²)	生产率m³/24h	操作人员	自动化程度
FTW4*30	9	16	210	15	1	全自动
FTW4*60	9	31	240	30	1	全自动

图15 FTW卧式有机肥发酵塔

二、疾病防制

养猪能否获得好的经济效益,在很大程度上取决于猪场对疾病的控制能力,疾病控制好了,经济效益就好,疾病控制不好,就没有经济效益，甚至亏本、大亏本都是可能的。

规模养猪场经济效益简略公式：

$$\text{规模养猪场的经济效益} = \frac{（品种＋饲料＋设备＋环境）×管理}{疾\quad病}$$

公式表示：

在规模养殖中，各种条件对经济效益的影响中突出疾病对生产的重要反作用。

由于疾病处于分母中，表示无论品种多么优良，喂的饲料是全价料，设施怎样先进，环境再好，如果疾病处理不好，控制不住，将制约经济效益的取得。

猪场对疾病的控制能力，具体体现在隔离饲养、防疫卫生、消毒、免疫和保健等方面的水平和效力上，现将上述4项的主要内容和技术编制成规程、办法、程序、供养猪者参考应用。

（一）进行封闭隔离饲养 猪场大门必须设立消毒池，池用水泥结构，池与门一样宽、长要大于大型货车车轮一周半，并装有喷洒消毒设施。

生产区应有围墙，只留人员入口、饲料入口和出猪口，种猪场应设种猪选购室，每个猪场都应有出猪台。

人员入口必须有更衣、换鞋、消毒、洗手设备和消毒坑（长度以人不能跳过）；饲料入口应设立消毒池，池的长、宽应大于内部运料车；种猪选购室不能让购猪者进入，只能在玻璃窗外观察选择；出猪台要定期消毒，饲养管理人员严禁越过出猪台、更不许接触到运猪车。每次装猪后都应对出猪台及装猪车辆停车处进行严格、认真的清洗消毒。

（二）引进种猪的隔离 从无重大疫病的猪场引种是首选条件，尽量从一个猪场引种是最佳决策。

后备种猪引入后应该隔离饲养40天，其目的有两个：①观察引进猪只有无重大疫病，维护原有猪群的健康；②让新引进猪只适应已存在于原有猪场内的病原和适应原有猪场的饲养管理流程。

引种时最好按以下程序进行：

（1）考察被引种猪场的猪群健康状况和种猪种质的优劣；

（2）引种前的检疫 选定种猪后应用血清学方法抽检规定疫病；

（3）种猪起运前1～2天在饮水或饲料中加入抗应激药物，装猪前对运输工具严格清洗消毒，种猪到达目的地后先饮水，并在水中加抗应激药物，后喂料，料量由少到多、慢慢增加；

（4）隔离饲养前30天在兽医的指导监督下，认真观察种猪的临床表现，一旦发病，要认真诊断、立即治疗，如确诊带入规定疫病，要坚决淘汰；

（5）隔离饲养后10天要做免疫接种和自然感染接种。①进行猪瘟疫苗免疫接种和原有同类猪群应该免疫接种的其他疫苗；②把原场内与引进猪一样大的猪，按引进猪∶原场猪10∶1或5∶1的比例进行混养。同时每天将原场内母猪的胎衣、死胎、木乃伊胎、哺乳仔猪粪、保育猪的粪置于新引种猪栏内，让其自然感染接种，以获得原场内存在病种的免疫力。但要特别注意，如果原场内存在猪喘气病等规定疫病就不能混养；如果原场内存在猪痢疾、C型魏氏梭菌病、猪丹毒、球虫等病，粪便就不能用。

（6）上述程序完成后，引进种猪就可和原场猪并群。

（三）养猪场防疫卫生规程

（1）为预防、控制和消灭猪的疫病，保证养猪生产的顺利发展，向社会提供优质、健康的种猪和猪肉，为发展养猪业做贡献，制定本规程。

（2）猪场职工不得饲养其他动物，也不得从外购买猪肉及其他危害猪健康的肉品在场内加工、食用。要特别提醒，鸭子可以带口蹄疫病毒、蓝耳病病毒、高致病性禽流感病毒等，高致病性禽流感病毒在鸭子和猪间来回运动能提高高致病性禽流感病毒对哺乳动物的感染性和致死力。但其本身不发病，是一个重要传染源，因此，猪场不能养鸭子，也不能让猪接触鸭子，猪场要防止鸟类入侵。

（3）严禁外来人员、车辆进入猪舍，必须进猪场的运载工具须严格消毒，按指定路线、固定的出猪台装载猪只；

出猪台要定期消毒，饲养管理人员严禁越过出猪台，更不许接触运猪车。每次装猪后都应对出猪台及装猪车辆停车处进行严格、认真的清洗消毒。

（4）饲养、管理人员进出猪舍，必须更换清洁卫生并经消毒的专用工作服（含鞋、帽），经消毒池（坑），药液洗手方可进入，离开时按上述程序进行消毒和更衣，工作服不准互相借用，不准穿（带）出场外。

（5）饲养管理人员离场返回后，必须沐浴、更衣（含内衣、鞋帽），在外接触过猪等动物及鲜肉者，更换下的衣服要洗涤消毒。

（6）猪场兽医不得到场外诊治动物疫病；场内的种公猪不得对外本交配种。

（7）每天坚持打扫猪舍、环境，保持清洁卫生，猪舍（含用具）和环境必须定期消毒。

（8）从外引进种猪，必须隔离观察40天，确定健康者方可并群。

（9）疫情报告制度。发现猪病，必须向场长报告，发现规定疫病，必须按农业部颁布的动物疫情上报规定，及时上报和处理。

（四）养猪场消毒办法　为了杀灭病原微生物，切断疫病传播途径，保证猪只健康，制定本办法。

1.猪场消毒内容　应包括门前消毒、猪舍消毒、道路环境消毒、猪体消毒、人体消毒和兽医化验室及器械消毒6个部分。

2.消毒药物的选择原则　广谱、价廉、使用方便、无味、无刺激腐蚀性。用于门前、猪舍和道路环境消毒的药品，只需具备前3个条件；用于猪体、人体及兽医化验室器械消毒的药品，必须5个条件都具备。

消毒药品使用原则：药物稀释浓度准确、现用现配。猪舍、道路环境消毒时，一定要先彻底清扫粪便污物；消毒池内的药液要定期更换；各个环节的消毒周期、时间必须事先确定；各种品牌的消毒药物交替使用。

3.门前消毒　主要是场、分场大门、猪舍门前的消毒。门前的消毒坑、池，应事先测量好容量，作为每次配药液浓度的基数，药液内应经常捞去沉渣、污物，原则上7天更换一次药液、药效长者按有效期说明更换。

4.猪舍消毒　新猪舍进猪前以及每批猪转群或调出后，要严格清扫、高压冲洗，并空圈7天以上，进猪前进行药物、火焰消毒后方可进猪。饲养猪期间原则上7天一次小消毒（出猪台、用具、猪栏），半月一次中消毒（走道、猪栏），每月一次大消毒（整个猪舍带猪消毒）。

5.道路环境消毒　指分场间的道路环境消毒，道路消毒半月一次，环境消毒每月一次。

6.猪体消毒　除按常规带猪消毒外，若有疫情发生，视病种适当增加带猪消毒次数；怀孕母猪临产前消毒，消毒办法为：母猪进产房前，必须先用清水冲洗猪身，然后用消毒药和杀螨药水擦洗全身；母猪有产仔征兆时，猪体全身喷洒消毒药品；临产前对母猪乳房、外阴部进行二次清洗消毒：①用温水洗掉粪便污物；②用0.1%高锰酸钾溶液、0.1%新洁尔灭或其他无刺激性消毒药液擦洗干净。

7.人体消毒　指接触猪只的饲养、管理人员的消毒。上述人员应注意个人卫生，指甲要短、常常沐浴、衣服常换常洗、工作服（含鞋、帽）常洗常消毒；饲养员和兽医手术前必须剪短指甲，先用肥皂水清洁手，再用消毒药液消毒。

8.兽医化验室的消毒　除做好平常清洗消毒外，应特别注重血清、病料、培养物、试验动物、器械以及洗涤用水的消毒处理，严防病原微生物从化验室内扩散及感染工作人员；医疗器械必须每次清洗消毒。

（五）养猪场免疫程序　为了预防和控制种猪场的疫病，根据当地猪传染病流行特点、本场猪群的免疫状况、抗体监测结果和目前现有猪疫（菌）苗种类的现实，制定本场科学、合理的免疫程序，有计划、有目的地进行预防接种。由于我国猪病的复杂性和各地疫情的差异，不同地区猪场的免疫程序不可能完全相同，现将一般情况下的免疫程序举例如下：

1.哺乳仔猪的免疫（用法用量按产品说明）　① 7日龄：猪喘气病苗首免；② 21日龄：猪喘气病苗二免；③ 25日龄：仔猪副伤寒苗免疫；④ 30日龄：猪瘟弱毒苗首免，肌注2头份。

2.保育猪的免疫　① 50日龄：猪肺疫苗免疫；② 60日龄：猪瘟弱毒苗二免，肌注4头份；③ 65日龄：猪传染性胸膜肺炎苗首免；④ 80日龄：猪传染性胸膜肺炎苗二免。

3.后备公、母猪的免疫　配种前35天依次进行猪瘟、猪传染性萎缩性鼻炎、猪伪狂犬病、猪细小病毒病和猪乙型脑炎5种病的疫苗免疫，每种苗免疫后，间隔7天再接种下一种疫苗。其中乙型脑炎苗只在每年4月（蚊子出现前）免疫公、母猪。

4.种公猪和经产母猪的免疫　①每年3月和9月，猪瘟（只免公猪）、伪狂犬病、猪传染性胸膜肺炎、猪传染性萎缩性鼻炎苗免疫，每种苗免疫后，间隔7天后再接种下一种疫苗。②妊娠母猪产前15～30天，进行伪狂犬苗免疫。③母猪断奶至配种前进行猪瘟苗免疫。

三、猪的福利保健

猪的福利保健与防疫同等重要。

在猪病防制中，接种疫苗、预防相应的疫病是最重要的一环，但不是惟一的。有些人陷入误区，认为只要接种了疫苗，猪就不会再发病。实际上有很多病到目前还没有疫苗预防。最好的疫苗也不可能有100%的保护力。因此，依靠疫苗接种来控制所有猪病是不现实的。

福利保健、防疫重于现场治疗。

猪场要控制猪病必须综合防制，首先要清洁卫生，有严格的防疫制度，制定科学的免疫程序，定期驱虫。

还有很重要的一环，就是要满足不同日龄、不同生产状态猪只的福利、实行保健，使每一个猪都通过保健增强对疾病的抵抗能力，达到不发或少发病，就是发病也好治疗。

（一）母猪的保健

1.后备母猪的保健　后备母猪是繁殖母猪的基础，特别是新建猪场，首先就是引入后备母猪。

繁殖是猪场管理中最关键的一环，繁殖率主要取决于受精率、产仔数和空怀天数。后备母猪初配前进行保健，可以提高受精率和产仔数。

保健原理：硒对生殖影响很大。研究表明，在头胎母猪配种前一次性注射含硒2.5毫克的亚硒酸盐，可使受胎率提高15%，其主要作用是硒使新生期胎儿死亡减少。根据这一研究成果，对后备母猪进行保健：

保健方法：在配种前7～15天，每头猪注射含150毫克维生素E和2.5毫克亚硒酸钠的亚硒酸纳维生素E来提高母猪受胎率和分娩率。

2.产仔母猪保健

（1）保健原理1　仔猪生后极易发生新生仔猪腹泻，死亡率很高，存活下来的仔猪多成为僵猪，生长缓慢。

保健方法：母猪产前1周，每天每千克体重饲喂土霉素500毫克，可减少新生仔猪腹泻。

（2）保健原理2　在不少地方的土壤中都缺硒，以云南为例，109

个县中，只有3个县的土壤不缺硒，其余县的土壤都缺硒，因此，农作物、牧草中普遍缺硒，就造成畜体中大量缺硒，给母猪补硒就显得十分重要。

1）保健方法1：美国研究了一种提高仔猪抗病力的新方法，就是在母猪分娩前注射维生素E和硒，采用这种方法能提高母猪初乳中的免疫球蛋白和仔猪血浆中的免疫球蛋白。因而可提高仔猪的抗病力，达到提高初生仔猪抗病力的目的，利用这一方法，对产前母猪实行保健。

2）保健方法2：母猪分娩前24小时，注射100单位维生素E和5毫克亚硒酸钠（相当于5毫升亚硒酸钠维生素E）。

（3）保健原理3　母猪产完仔后极易发生产后泌乳障碍综合征（PPDS），出现大便秘结、不食、少乳或无乳、乳房炎、阴道炎、子宫内膜炎、发热、瘫痪等。严重威胁母猪的生命和繁殖力，影响仔猪的健康成长。

近年来母猪产后泌乳障碍综合征在规模化养猪场的发病率呈上升趋势，特别是子宫炎、阴道炎在有的猪场发病率高达40%左右。该病使养猪场蒙受较大经济损失。为了防止PPDS的发生，对母猪进行保健。

1）保健方法1：母猪产完仔，胎盘正常排出后或部分胎盘滞留时，用达力朗1粒塞入子宫内。达力朗胶囊是法国进口的一种专门治疗家畜子宫炎、阴道炎、滴虫、念珠菌的新药，在子宫、阴道内药效扩散性强、持久。对种种原因引起的子宫炎、阴道炎有良好的治疗作用，并可消除恶露，使用该药后，确保母猪的繁殖机能正常。

2）保健方法2：母猪分娩后48小时内肌肉注射氯前列烯醇2毫升，能有效促进母猪泌乳，并可显著缩短断奶至发情间隔。

（二）仔猪的保健

1.初生仔猪保健

保健原理：初生仔猪常面对死亡的威胁，能否成活下来受着诸多因素的影响，特别是疫病对其危害很大，常常造成哺乳仔猪大量死亡。例如：由大肠杆菌引起的新生仔猪腹泻（俗称黄痢）和仔猪腹泻（白痢）是规模化养猪场四大顽症之一。在全世界的养猪场都有不同程度的发生，死亡率可高达50%左右。

由C型魏氏梭菌引起的仔猪血痢，对新生仔猪危害也很大，致死率一般为20%~70%。

猪支原体肺炎易感染初生仔猪，7日龄仔猪就能感染。

仔猪还易感染化脓性放线菌及链球菌，造成关节炎、关节肿大、坏死、形成瘘管、关节变形等，使仔猪残废。

上述仔猪的4种疫病，是仔猪培育的大敌。也是规模化养猪场的一大难题。在防疫卫生和饲养管理较好的猪场，这些病少些。但由于规模化养猪数量多、密度大等特点，致使这些病很难根除。因此，要防制这些病，提高哺乳仔猪成活率，就得打主动战，对初生仔猪实行保健，防止或减少这些病的发生，如果不保健，这些病一旦发生，损失就会很大。

保健方法1：仔猪出生后，掏净口中黏液，立即滴服链霉素2滴（约5万单位），对预防新生仔猪腹泻有很大好处。

保健方法2：仔猪2日龄时可肌肉注射纽氟罗（30%氟苯尼考）0.2毫升。氟苯尼考是新一代广谱抗菌素，对多种革兰氏菌、支原体及螺旋体作用快、作用强、药效持续时间长，不易产生抗药性。

2.断奶仔猪的保健

（1）断奶仔猪的保健原理　猪断奶后多系统衰弱综合征（PMWS）给养猪场造成极大的经济损失，特别是给规模化养猪场造成相当大的经济损失。PMWS是以猪圆环病毒2型（PVC2）为主感染所致的一种新的猪病毒病。该病主要发生在哺乳期和保育期的仔猪，仔猪断奶后2~3天或1周开始发病，发病最多的日龄为6~8周。最常见的临床症状是猪只渐进性消瘦或生长迟缓，这是诊断PMWS所必须的临床依据，其他症状有呼吸困难、腹股沟淋巴肿大、腹泻、贫血和黄疸。

由于PVC2特有的致病性，可以说在近期内开发和研制有效的疫苗还有很大难度。因此，目前我们不能指望通过疫苗免疫来预防和控制PMWS，摆在我们面前的任务是如何采取有效的措施，把PMWS的危害和损失降到最低程度。对猪只进行保健，是最重要的措施之一。

（2）保健方法　使母猪产生母源抗体，预防PCV2等病毒。根据免疫学原理，母猪在产前不断接触一些不致于使母猪发病的微生物，可在初乳中产生相应的母源抗体，例如PCV2、大肠杆菌等都具有这样的特性，因此，可给妊娠80天以上的母猪，每天饲喂仔猪粪便——感染材料。这样在母猪初乳中可产生高水平的PCV2、大肠杆菌等母源抗体，初生仔猪吃初乳后，可获得抵抗PCV2、大肠杆菌的抗体，对PCV2感染和仔猪腹泻有预防作用。这是巧妙地利用仔猪粪便作保健品。

（3）控制PCV2　我们知道造成PMWS的主要病原是PCV2，同时蓝耳病毒、肺炎支原体、细小病毒、霍乱沙门氏菌、链球菌等也是帮凶，要消灭PCV2，首先要消除它的帮凶，因此，防制PMWS的综合措施的保健方法是：提前采用药物预防，控制感染。①仔猪21日龄时，肌肉注射纽氟罗0.4毫升。②仔猪料中按每吨1～2千克添加猪喘清或按每千克300毫克添加金毒素或土霉素。

（三）驱虫也是保健　猪疥螨是规模化养猪场四大顽症之一，猪疥螨的感染常常造成猪的慢性皮肤病或皮肤过敏性病变，导致猪瘙痒及不适，进而严重影响饲料效率和生长。

猪的体内寄生虫，如蛔虫、肺线虫等对猪的日增重和饲料转化率有直接影响，患这些寄生虫时还可能继发其他疾病，所造成的损失是很大的。对猪体内外寄生虫进行预防性驱虫，使之不能造成对猪的危害，实际就是猪的一项重要保健。

1.驱虫保健原则　虫体成熟前驱虫和做好驱虫前后的卫生。

2.驱虫药的选择　应选择高效、安全、广谱的抗寄生虫药物，如：伊维菌素＋芬苯达唑。

3.驱虫保健程序　①种公猪每年4月初、10月底各驱虫一次；②怀孕母猪于产前1～4周驱虫一次；③后备母猪在初配前2～3周驱虫一次；④仔猪在转入生长群前驱虫一次。⑤还有一种简单的驱虫保健程序是：全场一齐驱，3个月驱一次。

以上就是对不同日龄、不同生产状态的猪只实行的全程保健方案。

（四）在饲料中保健性添加药物　目前，猪病流行的新特点是呼吸道综合征、繁殖障碍综合征、无乳综合征以及新的病毒性疫病（如猪蓝耳病、猪圆环病毒病）增多，危害严重，而我们对付这些病还没有研究出好的疫苗，因此，要防治这些病只有定时或不定时地在饲料中添加保健性药物。现将几种常用的、效果较好的药物介绍如下：

1.猪喘清

（1）主要成分　2%氟苯尼考。

（2）作用　用于防治猪传染性胸膜肺炎、猪喘气病、副猪嗜血杆菌、猪萎缩性鼻炎等引起的呼吸综合征，沙门氏菌、大肠杆菌病、猪丹毒、猪肺炎和无乳综合征。

（3）保健方法　每吨饲料添加本药1~2千克，搅拌均匀，连用3~5天。

2.复方支原净粉

（1）主要成分　支原净和土霉素。

（2）作用　用于猪喘气病、猪萎缩性鼻炎等引起的呼吸道综合征，血痢和猪断奶后多系统衰弱综合征。

（3）保健方法　在每吨饲料中添加本药2 500克，搅拌均匀，连用5~7天。

3.利高霉素

（1）主要成分　林可霉素和壮观霉素。

（2）作用　用于猪喘气病、猪肺炎、猪传染性胸膜肺炎、猪萎缩性鼻炎等引起的呼吸综合征，猪血痢、大肠杆菌病、母猪产后综合征等。

（3）保健方法　在每吨饲料中添加本品500~1 000克，搅拌均匀，连用7天。

4.病毒专家

（1）主要成分　含大观霉素、林可霉素、利巴韦林、磺胺间甲氧嘧啶。

（2）保健方法　在每吨饲料中添加本品400克，搅拌均匀，连用7天。

第四节　掌握猪的生理特性和营养需要在饲养管理中扬长避短

一、猪对粗纤维的消化率较差

猪是杂食动物，其消化道结购同单胃动物，但盲肠不发达，也称盲肠无功能动物。纤维素在胃和小肠中不发生作用，这是由于猪的胃内没有分解粗纤维的微生物。猪大肠的主要功能是吸收水分，在结肠内有少量分解粗纤维的微生物，但猪大肠对纤维的消化作用既比不上反刍动物的瘤胃，也不如马、驴发达的盲肠。因此，猪对粗纤维的消化利用率较差，日粮中粗纤维的含量越高，猪对日粮的消化率也就越低。饲料中每增加1%的粗纤维，有机物质的消化率相应降低1.7%，原因在于日粮中的纤维含量增高，食糜通过消化道的速度就会加快，饲料在消化道中停留的时间减少，从而会有较多的养分被排泄掉。在生产上应注意控制日粮中粗纤维的含量，一般对幼龄猪和育肥猪，饲料中的粗纤维不得超过1%～3%，对成年母猪和公猪一般不要超过5%，更不得超过7%。另外，猪粗纤维的消化利用能力因品种和年龄不同而有差异，我国地方猪种比国外引进品种有较好的耐粗饲料特性。

二、猪有坚硬的吻突，能掘地觅食，作用多样

猪的上唇短而厚，与鼻连在一起构成坚硬的吻突，能掘地觅食，吻突在地上摩擦，能刺激消化道分泌消化液、促进消化；刺激脑垂体分泌促卵泡素、刺激阴道腺体分泌黏液，从而促进发情。因此，工厂化养猪时，要给猪建筑宽大的专职运动场，定期、不定期地让猪只（特别是投入配种的后备母猪、断奶母猪）在运动场上运动、拱地觅食、磨擦吻突、促进消化、促进发情、锻炼肢体。另外，猪在运动场上适当地晒晒太阳，能促进体内维生素D_3合成，防止猪维生素D缺乏，促进钙的吸收。这是给猪的最好福利。

三、猪有择食性，能辨别食物的味道

猪舌长而尖薄，主要由横纹肌组成，表面有一层黏膜，上面有不规则的舌乳头，大部分的舌乳头有味蕾，能辨别食物的味道。饲料的适口性直接影响猪的采食量，因此，配制猪的日粮时要注意适口性和易消化性。仔猪喜欢甜味，对不同香味素的香型也很敏感，一当习惯了、适应了一种饲料的香型，会拒绝采食其他香型的饲料。

四、小猪怕冷，大猪怕热

小猪在母体内处于恒温环境（39.0℃），生后环境骤然变化，加上皮薄、毛稀、皮下脂肪少、体表面积相对较大，散热快，且体温调节能力差，所以小猪怕冷。新生仔猪刚出生时的适宜环境温度为34.0℃，以后每周降2℃，到断奶时22.0～25.0℃为宜。

　　大猪的汗腺退化，加上大猪皮下脂肪厚，体内热量不易通过体表散失，所以大猪怕热。大猪适宜环境温度为 10.0～20.0℃。若气温超过35.0℃，就会发生热应激。

五、初生仔猪极易缺铁和造成缺铁性贫血

　　铁是造血的必须元素，铁是血红蛋白、肌红蛋白以及各种氧化酶的必须成分，它与血液中氧的运输、细胞内的生物氧化过程有密切关系。

　　机体内的铁存于各组织中，又以血中含量最多，约占全身总铁量的60%～70%，铁很少排出体外，可以循环利用，故成年猪一般不缺铁。而仔猪出生时，体内铁的总贮量较低，约40～50毫克。由于初生仔猪生长速度较快，血液中红血球处于不断更新状态，体内贮存的铁被逐步消耗，而在 28 日龄前后的仔猪，每天正常生长需铁6～8毫克，28 天内需要铁168～224毫克。母乳中铁含量很低，每天只能为每头仔猪提供1毫克铁。因此，仔猪出生后体内贮有的铁最多只能维持6～7天的需要，远远不能满足仔猪生长发育的需要。如果不及时直接给仔猪补铁，早者3～4 日，晚者 8～9 日仔猪便出现贫血症状。

　　为了提高仔猪的成活率，必须尽早补铁，一般在仔猪 3 日龄时开始补铁。

六、猪喜群居，位置固定，排序明显

　　猪喜群居，常会保持其睡窝、饮食、排粪尿地的固定。一般是：门斜对角是饮水、排粪排尿处，门侧边是采食地，门边至另一角是睡觉的地方。

　　猪喜群居，同窝或同群猪间能和睦相处，并有位次——"社会地位"排序。不同窝或不同群猪并圈，起初会发生争斗，"猪来三天咬"，大欺小、强欺弱，按体质强弱建立明显的位次排序，排定每个猪的"社会地位"。体质好、争斗力强的排在前面，稍弱的排在后面，依次形成固定的位次关系。当一个猪群处于稳定状态时，如果突然放入一个新来的猪，又会引起新的骚动，新来的猪会遭到群起而攻之，轻者咬伤，重者可能活活被咬死。因此，在养猪中，应尽量避免经常调整猪群、并圈，如确需调群或重新组群时，要根据猪的生物学特点合理分群、巧妙组群。在养猪实践中，养猪人总结出六句话，二十四字方法：先合后分，夜间分群，少留多拆，留弱去强，强强结合，弱者相依。

1.**先合后分** 早上将要分群并群的猪先合并在较大的运动场中，使用镇静剂或用能淹盖气味的酒精擦鼻、用来苏儿喷洒猪体，让猪互相熟悉、又可减少咬斗。此时，排出组群计划；

2.**天黑分群** 到晚上天黑时，再按组群计划把猪分到预定的猪栏中；

3.**少留多拆** 是指要排重新组群的猪栏时，把原猪数少的留在原来的猪栏，猪数多的拆开并群；

4.**留弱去强** 是指要排重新组群的猪栏时，把弱小的猪留在原来的栏内，把强壮的猪分到新栏中；

5.**强强结合** 重新组群时把强壮的、体重相近的组在一群；

6.**弱弱相依** 重新组群时把个体小的、弱的组在一群，让这些弱者互相依靠，避免出现大欺小、强欺弱。

当猪进入新厩时，在猪睡觉处放一些草，把粪扫在排粪尿一角暂不排除，让猪知道哪里是睡觉的地方、哪里是拉粪尿地，待猪习惯了以后，再把草和粪打扫干净。在养猪中，如果能巧用以上特点，则可促进管理、减少争斗造成的损失。

第五节 猪场饲养管理操作规程及技术要领

为了科学、规范、高效地进行养猪生产，依据科学养猪原理，结合各养猪场实际，制定饲养管理操作规程及技术要领。现以神农集团养猪场为例，介绍如下：

一、总则

第一条 提倡以场为家、爱岗敬业、勤勤肯肯、乐于奉献、努力学习、精益求精、争做贡献、场兴我荣。

第二条 厉行节约。节电、节水、减少饲料浪费，爱护养猪设备，千方百计降低养猪成本。

第三条 上班时，每个饲养员都应该带着旺盛的精力、饱满的情绪、对养猪业无比的热爱和高度的责任感，走向自己的岗位。

第四条 洗澡更衣，换上清洁的工作服（鞋、帽），在洗手池洗手，经消毒池、猪舍门前的消毒槽消毒水鞋，方可进入猪舍。工作期间，凡是走出猪舍重新走回时，鞋子必须过消毒槽，严禁无故走串其他猪舍。

第五条　开始工作首先巡视猪舍，观查猪群；观查猪群的静态、动态和食态。持别要看每一头猪睡觉的姿势、呼吸状态，同时听听有无打喷嚏、咳嗽等声音；看看猪粪尿的颜色、数量、形状，阴门上是否有恶露、肛门上是否有稀粪。

检查饮水器、栏舍等养猪设备是否完好，特别注意产房的门、窗是否有贼风进入。

第六条　发现病猪立即报告兽医就诊，发现死猪或流产胎儿、胎盘立即拿走，并对污染场地及时清洗消毒。

第七条　下班时，通过消毒池，在更衣室换下工作服（鞋、帽），放置整齐，清洁个人卫生，干干净净离开。

二、种公猪的饲养管理

第八条　种公猪对猪群品质有重大影响，因此，必须对种公猪精心饲养管理。

第九条　公猪舍一个栏养一头公猪。

第十条　饲养员比其他猪舍人员提早1个小时上班，巡视猪舍后即根据当天需要的精液品种、个体、数量计划，进行采精、稀释、分装。

第十一条　采精后进行喂料，每天每头 2.5～3.5 千克，每日 2 餐。根据公猪体况和采精量要经常调整饲料用量和加喂煮熟的鸡蛋。

第十二条　喂料后半小时，调教后备公猪。调教后备公猪要掌握猪的特性、细致、温和、循序渐进，不要急燥，不准粗暴虐待公猪。

要让公猪经常运动，刷试、抚摸、亲近，使之不形成恶癖。

三、繁殖舍的饲养管理

第十三条　繁殖舍实行后备母猪、空怀母猪、怀孕母猪分区，分栏饲养，不能混养。

第十四条　每天早上巡视猪群后就开始喂猪，每日 2 餐。

第十五条　后备母猪喂后备母猪料，自由采食、少量勤添。到10月龄时，喂料后半小时进行发情鉴定，每日2次，要求赶着试情公猪逐栏试情。

有发情的母猪要掌握好适时配种，采用两次配种制，在限位栏内人工授精配种，进入限位栏时按先后顺序排列。上午出现静立反应的母猪，立即配种一次，间隔10～12小时再配一次，配种后35天内不能移动。

第十六条 母猪配种后就改喂妊娠料，21天进行妊娠检查，怀孕者到妊娠35天时转入大栏；未怀孕者从限位栏中赶出，并入待配母猪群。

怀孕母猪配种至妊娠84天喂料量每天每头1.8～2.0千克，85～107天自由采食。

第十七条 断奶母猪出产房后先在大栏饲养，喂哺乳料每天每头3.0～3.5千克，出产房后10天尚未发情的母猪，不再喂哺乳料，改为大猪料每天每头3.0～3.5千克。

四、产房的饲养管理

第十八条 怀孕母猪临产前7天（妊娠108天）转入产房，入产房前必须用温消毒液加杀螨剂清洗猪体。入产房后改喂哺乳料，自由采食。产前3天减料至每天每头1.8～2.0千克。分娩当天不喂料，但要供给清洁、充足的饮水。

第十九条 怀孕母猪进入产房后，要特别观察排粪情况，如有便秘，加喂青绿饲料，并施行保健疗法。

第二十条 母猪分娩必须接产。当母猪出现临产征兆时，必须有饲养员守候，准备接产工具，检查保温设施，等待接产。

第二十一条 母猪怕热、仔猪怕冷。产房室温要求在20～24℃，保温箱内要达到30～33℃。

第二十二条 母猪临产前将保温箱的保温灯打开、预热。对乳房及外阴部进行清洗消毒，第一次用温水洗去粪便、污物；第二次用温肥皂水洗；第三次用高锰酸钾等消毒药水洗，擦干。

第二十三条 破"洋水"即开始分娩，整个分娩过程快者只需半小时，慢者可长达5个小时不等，平均每个小猪出生间隔为15分钟左右，有的可一个接一个生下，有的也可能隔几个小时才产下一只。

第二十四条　只有在胎儿的胎位正常,已进入产道而母猪努责无力,间隔30分钟还产不下仔猪时,才能使用催产素加快分娩。催产素的用量每次20~40国际单位,肌肉注射。

第二十五条　助产。只有在母猪不能正常分娩时,才进行助产,母猪连续用力努责30分钟还生不下仔猪,就进行阴道检查、助产。

助产员必须严格消毒手臂:先清洗手臂—用消毒液浸泡2~3分钟—碘酒消毒—酒精消毒。

第二十六条　仔猪生下后,立即用干净毛巾掏出口、鼻中的黏液,擦干身体、断脐、剪牙、断尾、称初生重后,放入保温箱。

第二十七条　遇到假死仔猪(心脏、脐带还在跳动),应立即掏出口中黏液,倒提后肢,轻轻拍打臀部,或做人工呼吸,使仔猪恢复呼吸、苏醒。

第二十八条　凡是初生重低于900克的仔猪,立即口服10%葡萄糖液10~20毫升,防治低血糖。

第二十九条　仔猪在保温箱中能自由活动时就让其哺乳,要尽量让每头仔猪都吃足初乳。体弱仔猪固定吃4、2、3对乳头。

第三十条　寄养。母猪产仔后若出现仔猪数多于母猪乳头数时,或母猪无乳、母猪死亡不能哺乳时,就要采用寄养。寄养的方法和原则是:

选择强状的仔猪寄养;仔猪寄养前要让其吃足初乳;受寄母猪应选择健康、奶水好,在前产仔或产仔时间相近的母猪。

第三十一条　仔猪补铁、补硒。仔猪3日龄时,每头股内侧皮下注射含150~200毫克铁和1毫克硒化物的铁硒合剂。

第三十二条　哺乳母猪的饲料喂量按以下方法计算:基础料2千克,再按哺乳仔猪头数,每头加0.4千克即为一天的饲料总量,分4餐喂(8:00、11:30、14:00、17:30)或自由采食。

第三十三条　母猪产后要经常观察阴门内排出的分泌物,产仔4天后阴门内还流出恶露者,应冲洗清宫或塞入达力郎等药丸。

母猪产后还要经常观察是否发生无乳综合征,若发生按《母猪产后无乳综合征治疗方法》及时处理。

第三十四条　仔猪7日龄开始诱食,补饲乳猪颗粒料,少量勤添,保证每天补饲的料是新鲜的,一直喂乳猪颗粒料达6周龄。

第三十五条 断奶。采用 28～35 日龄断奶。断奶仔猪转入保育舍保育。

五、保育舍的管理

第三十六条 保育舍以间为单位实行全进全出。进保育舍的仔猪实行按品种、公母和大小分栏。

第三十七条 保育舍的温度。断奶仔猪刚进入时舍温要求27～30℃，以后视情况每周降 1～2℃，但不能低于 22℃。

第三十八条 仔猪达6周龄时喂乳猪颗粒料和小猪料（粉料）各半，每日 4 餐（8:00、11:00、14:00、17:00）或自由采食，过渡 1 周后转为小猪料、湿喂。

仔猪在保育舍保育 4 周，达 8 周龄或 9 周龄时转入生长育肥舍饲养。

六、生长育肥舍的饲养管理

第三十九条 生长育肥舍实行全进全出，按品种、公母和大小分栏饲养。

第四十条 保育猪转入生长育肥舍 1 周后，用小猪料和中猪料各半混合湿喂，过渡 1 周后转为中猪料，体重达 60 千克时改喂大猪料，每日 3 餐（8:00、11:30、17:00），一直饲养到出栏或投入配种前。

第六节　种公猪的饲养管理

公猪品质好，对猪的繁育起着非常重要的作用，使公猪健康、活泼、强壮，经常保持旺盛的性欲和良好的配种能力。饲养公猪的目的是获得最好的精液品质，最大的精液量和延长公猪的使用寿命，达到配种率高的效果，把良好的种用性能遗传给后代。

公猪的性成熟是一个逐渐的过程，4月龄就开始具有性活动和产生精子的能力，公猪在性成熟前采用群饲有助于减少猪的蹄和腿病，并改善其将来的性行为。6月龄的公猪，进入性成熟，此时要各头公猪单独饲养，每头占地 12 米² 左右，室温在23℃为宜。后备公猪体重达100千克以前，一般自由采食，一旦达 100 千克时每天的饲喂量就要限制在2～2.5千克，公猪在1～2岁时要限制能量摄入，放慢生长速度，日增重控制在180～250克之间。但要注意，这段时间随着公猪的性成熟，精液量和精子数不断增加，营养水平要求也较高，因公猪一次射精量一般平均在250毫升，高的可达800～900毫升，交配时间也比较长，消耗的能量多。要保持高氨基酸、维生素和钙、磷的摄入量，以便保持公猪的繁殖力和性欲。种公猪的生长发育对营养水平的高低非常敏感，直接影响配种能力和精液品质。种公猪日粮的安全临界值为：蛋白质13%、消化能13兆焦／千克、赖氨酸0.6%、钙0.95%、磷0.8%。饲喂适量的锌、碘、钴、锰对精液品质有提高作用。使用哺乳母猪日粮即可满足成年公猪的营养需要。对于一般规模不大的猪场，可采用专业厂家生产的哺乳母猪预混料自行配制，大猪场或有条件者最好使用种公猪专门饲料。

公猪开始配种的时间不宜太早，最早也要在8月龄、体重120千克以上，一般在10月龄、体重达130～135千克时初配为好。

要控制公猪的体重和背膘厚，根据5分制体况评分（详见母猪体况评定）。公猪最理想的体况应比母猪低1分，如果公猪过肥，不仅会越长越大、越长越肥，缩短使用年限，而且会影响配种热情和配种精力，特别是高温季节影响就更大。

公猪到了2岁以后体形已成熟，更应放慢增长速度，日增重不超过180克最为理想。

公猪营养、运动和配种利用，三者之间必须保持平衡。如果公猪日粮能量水平低则睾丸变小，睾丸越大产生的精子越多，公猪睾丸会一直长到12月龄，而精液产量需到18月龄才能达到最高水平。如果蛋白摄入量低，公猪的性欲、精液量和精子量均会降低；如果公猪日粮中钙和磷不足，骨骼和关节会脆化。公猪日粮中应注意提供足够的维生素和矿物质，每千克饲料中含2克维生素C可以改善公猪的射精量，提高维生素E的含量可以改善精液的品质，锌和硒对精子的生成有重要影响。

在公猪饲料中，不能使用棉籽饼，因为棉籽饼中含有较多棉酚。棉酚是一种有毒物质，棉酚作用于种公猪睾丸曲细精管的生精上皮，对各级生精细胞均有影响，尤其对中、后期接近成熟的精子影响最大，并可影起睾丸退化，使公猪生产性能降低。

公猪应每天加强运动，才能保证精液的品质，营养过剩、配种负担不重、运动又不足，公猪易肥，会引起性欲降低，精液品质下降，影响配种效果。相反，配种频繁、运动过度而营养又不足，则公猪会过度消瘦，射精量少，精子活力降低，受胎率下降。每天喂公猪2次，饲料量2.5～3.5千克／日，具体来说90千克时2～2.2千克／日，1岁150千克时2.5～2.7千克／日，配种期3.0～3.5千克／日。种公猪应定时采精，一般3～4天配种或采精一次，不能频繁采精，没有配种任务时，也要定时采精，保存精液或遗弃，这样才能保持公猪的精液品质不受影响。如果公猪长时间（2周以上）未配种、采精，再用时最初几头交配的母猪最好重复配种，4次以后公猪可恢复正常使用。

种公猪的配种、采精频度一般为：1岁以内青年公猪每日只可配种1次，每周最多配5次；成年公猪每日可配2次，间隔时间为8～10个小时，每周最多配10次；老公猪每天1次，连用2天，休息2天。配种或采精在饲喂前进行，配种后不要立即饮水、喂料和洗浴，饮水、喂料在配种后半小时，洗浴的间隔时间要在1～2小时以后。

当配种任务比较重时，应该给公猪补充能量和蛋白质，硒在精子发育成熟的过程中比较重要，也应补充。当公猪处于热应激时，添加维生素C有助于改善精液质量。

定期检查公猪精液品质，严禁死精公猪配种。猪的射精量250毫升（150～500毫升），每毫升精子数1亿（0.25亿～3亿）／毫升，精子总数250亿个，精子活力达80%以上，畸形精子低于18%。

对于性欲差的公猪，可用前列腺素促进性欲，肌注175微克氯前列烯醇，在10分钟内可使交配行为增加，公猪正常爬跨、射精。在炎热季节，注射前列腺素可造成公猪过热，故此季节禁止使用。

公猪对母猪群具有性传播疾病的危险，因此，公猪的健康和卫生状况将对猪群的繁殖性能产生重要影响，要确保公猪免疫、保健程序的实施和疫病监测，控制性传播疾病。

适宜的公母猪比例应为1：15～20。

种公猪年淘汰率一般在33%～39%，使用期2～3年。具体来说，公猪在出现以下情况时应该考虑淘汰：①繁殖性能差者；②精液品质差，且持续2个月以上者；③健康有问题，四肢、全身患病难康复者；④后代中有阴囊疝等遗传性疾病者；⑤有恶癖、过份凶恶者；⑥年迈达4岁以上者。

第七节　种母猪的饲养管理

在猪的生产中，种母猪的饲养管理是很重要的一个环节，抓好这一环节，就能保持种母猪良好的体况和较高的繁殖率及利用率，并能获得较高的、断奶体重较大的仔猪，从而提高猪场的生产水平和经济效益。

对母猪应该按照其生产阶段的不同进行饲喂：后备母猪的饲喂目标是使猪群210日龄时的体重达120千克，既不能过瘦、也不要过肥，后备母猪过瘦，繁殖力就会很低，断奶后发情会延迟；过肥，繁殖力也会很低，并容易发生难产。怀孕母猪应限制其能量和养分的摄入，饲养管理目标是减少胚胎死亡，防止流产，保证胎儿健康生长发育，保证母猪的乳房发育和适宜的增重。哺乳母猪应让其自由采食，饲喂目标是使母猪产生充足的奶以哺育自己的仔猪，并防止体重减轻过多，以保证断奶后尽快发情。

母猪群的适宜结构是：后备母猪占30%（凉爽季节25%、炎热季节35%），1～2胎龄（配种即算胎龄）占20%，3～4胎龄占20%，5～6胎龄占20%，7胎龄以上的占10%。

种母猪年淘汰率一般为30%，具体来说，母猪在出现以下情况时应该考虑淘汰：①连续2胎产活仔数低于7头者；②所产仔猪的生长速度和胴体品质差者；③健康有问题，四肢、全身患病难康复者；④妊娠失败、3个情期未配上种的后备母猪、断奶后46天以上末配上种、2次以上流产、4次反情、2次子宫内膜炎的母猪；⑤后代仔猪中有疝、隐睾、锁肛等遗传性疾病者；⑥有恶癖、母性不好者。

一、后备母猪的饲养管理

后备母猪的饲养目标是使母猪一生保持良好的生产性能。一个重要指标是210日龄时的体重达120千克，既不能过瘦、也不要过肥，后备母猪过瘦，繁殖力就会很低，断奶后发情会延迟；过肥繁殖力也会很低，并容易发生难产。

（一）饲养管理　一般规模化种猪场基础母猪年淘汰率在25%～35%，加上后备期的淘汰和死亡，每年补充后备母猪数量是基础母猪的30%～

40%，按周均衡补充进繁殖群。

后备母猪群养，每栏4～6头，每头占地2.5～3米²，舍温在20℃左右。

后备母猪的日粮要求含15%粗蛋白、0.7%氨基酸、0.95%钙和0.80%的磷，在5～6月龄前敞开饲喂，6月龄以后适当限饲，一般2.6～2.8千克／日，此时加喂一定数量（3～5千克／日）的青绿饲料，增加维生素和纤维素，并扩大胃的容量。

配种前2周优饲催情，让后备母猪自由采食，增加采食量，催情补饲可增加卵巢的排卵数，从而增加窝产仔数，饲喂量增加到3.5～4.0千克／天，把饲料撒在地面上可以减少打斗。配种后将饲喂量降到2.0千克／天。

在母猪饲料中，特别是妊娠母猪饲料中不能使用棉籽饼，棉籽饼中含有毒物质棉酚，长期饲喂棉籽饼时，可造成游离棉酚在体内组织器官的积累而中毒，特别是对种猪繁殖性能有很大影响。

后备母猪适当运动和增加光照，对发情、配种和产仔等方面大有好处。饮水器应安在排粪区或漏缝地板上，高度为60厘米。

后备母猪要求6月龄时体重达90千克，210日龄达120千克。

每头后备母猪配种前挂一张配种卡，记录母猪耳号，与配公猪品种、耳号，配种日期，预产期，分娩时间以及总产仔数、活子数、死胎数、木乃伊胎数、畸形仔数等。

（二）发情及配种

1.发情鉴定　后备母猪在160～180日龄时，可以与经产母猪一起饲养，让它们多获得一些抗体。与公猪隔栏相望或接触，通常就会发情，这段时间每天要观察发情情况，第一次发情不要忙于配种，在第二个或第三个情期进行配种。

经产母猪如果在哺乳期管理得当、无疾病、膘情适中，则断奶后一般4～7天便可发情配种。

每天早晨和下午喂料后半小时进行发情鉴定，每日2次，用试情公猪进行试情。公猪唾液中含有一种气味性的外性激素，这种气味引起发情母猪做出交配姿势，公猪在促进母猪做出交配姿势的作用是重要的，在没有公猪的情况下，只有50%左右的发情母猪对饲养员的骑背试验反应正常，当公猪存在时，或者公猪的声音被母猪听到、气味被母猪嗅到，这个比例就增加到 90%。这就是公猪刺激促进母猪发情。

母猪发情，其表现主要有：①精神兴奋、烦躁不安、来回走动，易激动对环境敏感，爱爬跨；②日采食量下降、饮水量增加；③当用手压母猪背部静立反应明显，站立不动；④阴门红肿、扩张、流出黏液，外阴色泽从桃红—暗红—淡红；（图16、图17、图18）⑤用手指检查阴部，有温热感觉，流出的黏液有黏性感，呈半透明乳白色（图19）。

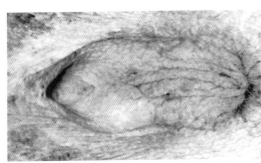

图16 未发情的日常母猪阴户

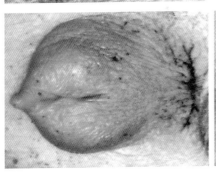

图17 阴户红肿，扩张、呈紫红色，黏液清，压母猪背不站，此时不能配种

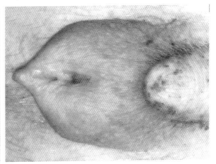

图18 阴户红肿渐退开展更大，色由紫红向淡红转变，黏液由清变稠，拉丝，母猪静立正是配种好时候

为了方便记忆和做好发情鉴定，把母猪的发情表现编为顺口溜：

母猪发情很兴奋，　阴户平常紧闭拢，　爬跨同性呈凶狂，

一有动静就抬头，　中间直直一条缝，　阴门红肿黏液稠，

不爱睡觉来回走，　发情松弛闭不严，　骑背试验猪不动，

渴望公猪去门口。　缝缝弯曲色变深。　抓紧时间快配种。

当有公猪在场时，发情鉴定较容易。让试情公猪直接爬跨母猪、看

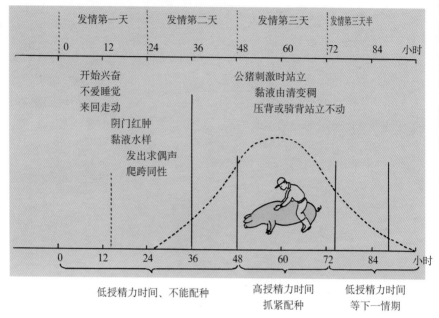

图19　母猪发情鉴定要点图

母猪是否允许公猪爬跨，母猪允许公猪爬跨并站立不动，就是发情、输精的最好时机。如果公猪爬跨而母猪跑开，那么母猪发情不好或没有发情。

2.本交配种　经过发情鉴定可配种的，应选择适当的公猪与其放在一起，使之交配。由于母猪是多胎动物，在一次发情中多次排卵，因此，发情母猪一般要配种2～3次，第一次在发情鉴定出现静立反应时即配，间隔10～12小时左右再配一次。

在配种前2～3分钟，一次性注射5国际单位的催产素，可提高产仔率和窝产仔数。

3.人工授精　人工授精是一种比较经济实惠的做法，然而人工授精又是一门复杂的技术，在这里我们只讲输精技术。输精是人工授精的最后一关，输精效果的好坏，关系到母猪情期受胎率和产仔数的高低，而输精管插入母猪生殖道部位的正确与否，则是输精的关键。(见母猪发情鉴定要点图)

(1)适时输精　一般，上午发现静立反应的母猪，应立即输精一次，当天下午进行第二次输精，第二天上午再进行第三次输精；下午发现静立反应的母猪，立即输精一次，第二天上午进行第二次输精，下午再进行第三次输精。根据母猪发情情况，有计划地到猪人工授精站购买所需精液。一般现买现输，尽量做到不保存。

在生产实践中，采用本交和人工授精相结合，既能充分利用种公猪，又可获得较高的受胎率和较多的产仔数，方法是经发情鉴定、母猪可配种时，第一次用公猪本交，第二次用人工授精。生产商品仔猪的母猪，在一个情期内用2头或3头公猪交配，可以获得更好的结果。

（2）输精管的选择　输精管有一次性的和多次性的两种。一次性的输精管，有螺旋头型和海绵头型，长度约为50～51厘米。螺旋头型适合于后备母猪的输精，海绵头型适合于经产母猪的输精。一次性的输精管使用方便，不用清洗，但成本较高，大型集约化养猪场一般采用此种方法。多次性输精管，一般为一种特制的有螺旋头的胶管，因可重复使用而较受欢迎。

（3）输精方法　有限位栏的猪场，把母猪放入限位栏中进行输精，使用的输精管要严格清洗、消毒（一次性输精管除外），把母猪阴部用手纸擦净，以防将病原微生物带入阴道。

输精时，先将输精管头部用精液或人工授精用润滑剂润滑，以利于输精管插入，并赶一头试情公猪在母猪栏外，刺激母猪性欲的提高，促进精液的吸收。

用手将母猪阴唇分开，将输精管沿着稍斜上方45°的角度慢慢插入阴道内，当插入25～30厘米左右时，会感到有点阻力，此时，输精管顶部已到了子宫颈口，用手再将输精管逆时针方向旋转，稍一用力，顶部则进入子宫颈，将输精管"锁定"；回拉时则会感到有一定的阻力，此时便可进行输精。输完精后再顺时针方向退出。用输精瓶输精时，当插入输精管后，将精液瓶盖的顶端除去，插到输精管尾部就可输精；精液袋输精时，只要将输精管尾部插入精液袋入口即可。为了便于精液的吸收，可在输精瓶底部开一个口，利用空气压力促进吸收。

输精员倒骑在母猪背上，并进行按摩或做一个重10千克左右的沙袋，驮在母猪背腰部，输精效果会更好。

正常的输精时间应和自然交配一样，一般为10～15分钟，时间太短，不利于精液的吸收，太长则不利于工作的进行。

为了防止精液倒流，输完精后，不要急于拔出输精管。

母猪配完种后，应立即做好配种记录，特别要推算好预产期，填写在配种卡上，以便做好产前免疫、保健和接产准备工作。配种后的母猪移到限位栏饲养30～35天或单独饲养。

4.预产期的推算　母猪的妊娠期平均为114天（110～118天）。预产期的推算方法常用下面两种：

（1）"三·三·三"法　即在配种日期上加上3个月、3周又3天。如一头母猪的配种日期是6月7日，那么，预产期则是10月1日。是这样推算出来的，6+3=9月，7+（3×7）+3=31天，以30天为一个月。

（2）"月加四，日减六"法　即配种月份上加4，日期减去6。如上面这头母猪6月7日配种，推算方法则是6+4=10月，7-6=1日，也是10月1日。

5.妊娠诊断　母猪配种后不是每一头都能妊娠，由于种种原因会有少数母猪不妊娠，因此，必须在母猪配种后的18～24天进行妊娠诊断。

母猪妊娠诊断是猪群繁殖工作中的一项重要技术手段，尤其早期妊娠诊断能缩短母猪产仔间隔，实现多胎高产，提高母猪繁殖率，增加经济效益。

母猪妊娠诊断中，常用的、简单易行的、比较准确的方法有以下4种：

（1）外部观察法　母猪的发情周期平均为21天，配种后21天母猪不再继续发情，一般已经妊娠。从行为上看，配种后表现疲倦、安静、贪吃贪睡、动作稳重、食量增大、长膘、皮毛发亮、尾下垂、阴户收缩、颜色苍白、腹围增大的猪，都是已妊娠的表现。

（2）公猪试情法　母猪配种后18～24天，用性欲旺盛的公猪试情，若母猪拒绝公猪接近，并在公猪试情后3～4天不表现发情，可以认为是妊娠了。

（3）激素诊断法　在母猪配种后21天用苯甲酸雌二醇或戊酸雌二醇2～4毫克注射，注射后怀孕母猪不会表现发情，而未怀孕母猪则会表现发情。

（4）土法诊断（激素原理）在母猪配种21天后，取晨尿10毫升放入透明的玻璃杯中，加入数滴醋和碘酒，在电炉或酒精灯上用文火加热至沸，呈红色者母猪已怀孕，呈米黄色或褐绿色、冷却后颜色很快消失者母猪未怀孕。

（5）超声波诊断法　超声波早孕诊断技术效果良好，但超声波诊断仪价钱较贵，且需有一定专长的技术人员掌握使用，因此，大中型猪场比较适用。超声波诊断仪种类多、价位档次差距很大，可根据猪场情况选择购买，按使用说明应用。

二、怀孕母猪的饲养管理

怀孕母猪的饲养管理目标是减少胚胎死亡，防止流产，保证胎儿健康生长发育，保证母猪的乳房发育和适宜的增重。从母猪配种当天开始，必须立即把饲喂量降下来，在妊娠前期过量饲喂会导致胚胎死亡率上升、减少窝产仔数。

饲养怀孕母猪有两个关键问题必须牢记和加以解决：①在母猪怀孕和整个一生中，体重应该持续增加；②母猪在分娩时必须有一定的背膘（18～20毫米），否则会影响产奶量和断奶重。母猪在哺乳期间体重损失过大，就无法尽快发情配种。

怀孕母猪要单独饲养，栏中有未怀孕的母猪要移走。如果采用限位栏饲养，在限位栏中的时间以30～35天为宜，这种限位饲养模式比妊娠期全程限位有三大好处：①在限位栏内母猪安静，不能咬斗，防止附植前和胚期流产；②妊娠前期必须减料，限位饲养食槽隔开，母猪各吃自己的那份饲料，不致造成多吃与少吃；③妊娠中后期母猪走出限位栏、大栏饲养，适当增加运动，改善母猪的福利，有利于胎儿生长，减少难产发生。

这一阶段管理的重点是防止流产、增加产仔数和仔猪出生重，并为分娩、泌乳作好准备。对妊娠母猪的饲喂应确保其不至过肥，也不至过瘦。

（一）喂料 妊娠母猪能够很好地利用高纤维、低能量（脂肪）日粮，低能量而高纤维日粮可减轻便秘，并可预防母猪肥胖。妊娠母猪每天应进食350～400克的中性纤维（苜蓿粉、酒糟、麦麸、小麦秸）。通过使用高纤维含量的饲料成分，来降低妊娠母猪的饲料成本和提高繁殖性能是很有潜力的，使用较高水平的纤维素可以提高受胎率、分娩率、产活仔数和仔猪断奶体重，还可以减轻母猪的应激，特别是母猪配种后35天内，使用较高水平的纤维素上述效果会更好。怀孕前期多喂青绿饲料或多汁饲料也是这个道理。怀孕后期日粮脂肪应达7%。

妊娠母猪的饲喂按下面程序进行：①母猪完成配种后应立即减少饲

喂量，因为大量饲喂往往会减少胚胎的着床，尤其是头胎母猪更易发生这种情况。妊娠第1～84天，每头母猪每天饲喂妊娠料2.0千克；②妊娠85～107天，每头母猪每天增加1.2千克妊娠料至自由采食。③妊娠108～113天，改喂哺乳料，每头每天喂2～1.8千克，分娩当天可以不喂料。

（二）管理注意事项 ①保持圈舍清洁，地面要平整防滑，减少猪只间的争斗；②按程序做好防疫注射和驱虫；③发现病猪及时治疗和消毒，坚持定期消毒；④禁止使用容易引起流产的药物（如地塞米松）。

母猪流产的征兆有：减食或不食，精神不振，喜卧但不进入睡眠状态，阴户红肿并有黏液流出，有时可挤出乳汁。母猪有流产征兆时，应注射黄体酮保胎。

对可能确定胎儿已死的母猪，如连续高烧3天以上的，不再保胎而让其自然产出。

注意怀孕母猪转入产房前（按预产期提前7天）必须用消毒药和杀螨药清洗猪体，严格消毒猪舍。

（三）接产

1.**产前准备** 产房中保持适宜的温度，母猪适宜的温度是16～20℃，湿度65%～70%。如果母猪是在实心地板（如水泥地板）上产仔，采用高质量的木屑或柔软的垫草，可防止仔猪体温通过地面传导，而达到保温的目的。

准备接产用具：预产期前2天检查母猪乳房，并将保温灯箱准备好，灯的瓦数为250瓦，高度挂45厘米，也可用电热毯。分娩前清洗母猪乳房及阴门，并按摩乳房。清洗外阴和乳房一般洗3次，第一次用清水洗净粪便污泥；第二次用肥皂水洗；第三次用无刺激性的消毒药水洗，如用高锰酸钾、百毒杀。洗后擦干，这对预防仔猪腹泻有好处。

2.**母猪产前的征兆** 母猪产前有一定的规律性征兆：即食欲减少，不想吃料，呼吸加快，卧立不安，阴门红肿增大，频频排尿，尾根两侧凹下；乳房膨胀、发亮、有光泽，两侧乳头向外八字形张开，用手挤压乳头有乳汁排出，初乳出现12～24小时或最后一对乳头能挤出乳汁2～3小时即分娩。为了便于记忆，将临产征兆编为顺口溜：

> 母猪产前有征兆，卧立不安吃食少；
>
> 阴户红肿尾根凹，尿液频频来流下。
>
> 乳房红肿有亮光，乳头向外八字涨；
>
> 一挤乳头乳汁冒，产仔时间就来到。

3.接产 接产的任务是呵护母猪顺利产仔，在母猪发生问题时给以适当的帮助，防止仔猪假死、护理仔猪、避免压死和冻死。母猪临产前要有专人监护，晚上也要值班，尽可能保持母猪舒适，不到万不得已不要人为帮助母猪分娩。这样做可以明显降低死胎数及哺乳仔猪死亡率。

仔猪出生后，接产人员要快速让新生仔猪从胎衣中脱出，立即用手指将其耳、口、鼻腔中的黏液掏出并擦净，再用抹布将全身黏液擦干，也可用干木屑擦干仔猪全身，这样做有两个好处：一是防止仔猪皮肤水分蒸发，带走热量；二是刺激仔猪，提高运动能力。接产者不许留长指甲，双手及手臂严格消毒。

4.假死仔猪的急救 正常情况下，每头仔猪的出生时间间隔平均约为15~20分钟。第一头与第二头之间有较长的间隔也是正常的（可长达2小时），母猪分娩时间过长，体力消耗过大，仔猪不能及时排出，造成仔猪在母体内脐带与胎盘过早断离，使其氧气供应断绝，造成缺氧而窒息，产下时即停止呼吸，但心脏仍在跳动，这种现象叫假死。

遇到假死仔猪，左手立即提住其后肢，头朝下，右手轻轻拍打屁股或右手拇指与另四指分别握住仔猪两肋，一张一合地挤压，直到仔猪咳出声为止，假死就能活过来。也可进行人工呼吸，方法是将仔猪四肢朝上，一手托肩部，一手托臀部，一曲一伸，反复进行，直到仔猪叫出声为止。也可采用在鼻部涂酒精刺激仔猪的呼吸，进行急救。

5.断脐、剪牙和断尾

(1) 断脐 仔猪生下，擦干身体后，将脐带内的血液向仔猪腹部方向挤压，尽最大量把脐血挤回仔猪体内。现代医学研究发现，脐血有骨髓样作用，可治疗白血病。加之，脐血是仔猪最好的营养来源。然后在离仔猪腹部5厘米左右处断脐，断脐时不要一剪刀剪断，这样会使仔猪体内的血液流失过多。较好的方法是：左手指头紧捏着要断脐处，右手捏着脐带末端朝一个方向扭，待扭得很紧时，用线结扎牢固后，在结扎线外0.5厘米左右处剪断，并用5%碘酒对断脐处进行消毒。这样就不会流血，也不易感染。

（2）剪牙　仔猪吃初乳前要剪弃针状牙齿，每个仔猪有8颗针状牙（成对的上下门齿和犬齿共8颗），将每颗针状牙剪弃一半，以防咬破母猪乳房发生乳房炎和仔猪互相咬伤，弱仔暂时不要剪针状齿，可错后几天再剪，让其留下作争乳吃的武器。剪牙时应小心，切勿伤及牙龈、牙床。一旦伤着牙龈、牙床，不仅妨碍仔猪吮乳，而且受伤的牙龈、牙床将成为潜在的感染点。

（3）断尾　断尾可避免断奶后的保育猪，生长、育肥猪咬尾，在集约化养猪中是很必要的一项措施。一般和剪牙同时进行，留尾的长度一般以达到小母猪阴户末端和小公猪阴囊中部为断尾部位，用断尾钳剪断，然后涂以碘酒；也可将尾的断口在高锰酸钾原粉中蘸一蘸，使断面附上一层高猛酸钾粉，这样既能止血、又能消炎。另一种方法是，用薄的钢板（如废带锯片）制作一把断尾刀，一面稍磨快，断尾时烧红，一切尾就断了，简单易行，既止血、又防止发炎。

6.防止母猪压死仔猪　初生仔猪有一个天生的习惯，即紧挨母猪腹侧躺卧和吮乳，另外，初生仔猪反应迟钝，行动不灵活，因此就存在被母猪压死的危险，易被压死和踩死，特别是3日龄以内的仔猪，被压死和踩死的占仔猪死亡数的60%以上。接产护理人员应特别注意，小心护理。采用产床产仔是防止仔猪被压死和冻死的一项重要措施。

7.千方百计、让初生仔猪吃足初乳　接产人员的另一项重要任务就是让初生仔猪吃足初乳。仔猪出生擦干被毛、断脐、剪牙后，稍在保温箱中保暖，毛一干、仔猪能活动时，立即让其吃乳，接产护理人员要帮助将乳头塞入仔猪嘴中并叼住，做到早吃、多吃、吃足初乳（每头仔猪至少要吃50毫升初乳）。生一个哺乳一个、生两个哺乳一双，待母猪分娩结束时全窝仔猪都已吃足初乳。研究得知，母猪从分娩开始，8小时后母乳中的抗体就减少70%，所以应尽早让仔猪吃上初乳。吃初乳一定要把握住母猪分娩这段时间，这时的母乳不仅含免疫球蛋白多，而且乳汁是持续分泌的，奶多奶足。到分娩结束后母猪就是间断性放乳。为了保证每头初生仔猪都能吃上初乳，在产仔数多时可采用分开吃乳法，即把第一批吃上初乳的仔猪，吃乳半小时后就拿到保温箱中（注意做好记号，做记号可用浓高锰酸钾液在仔猪背上编号）让母猪休息半小时，再让剩下的仔猪吃乳半小时，在24~48小时内，这样轮回2~3次。

母猪分娩过程中或分娩之后，可以收集一些初乳，人工喂给弱小以致不能吮乳的仔猪，收集60毫升左右初乳，可供3~4头仔猪使用一次（每头一次喂初乳15毫升左右），用胃管喂，在24小时内每头仔猪应喂初乳3~4次。

哺乳期仔猪平均日增重在225~250克，母猪每哺乳一头仔猪每天平均要产奶约0.9~1.0千克。

8.防止弱仔发生低血糖　正常情况下，仔猪的初生重平均为1.3千克，PIC仔猪的初生重平均可达1.5千克。出生体重轻的仔猪（初生重0.9千克以下）或弱仔，机体能量储备较少，如果出生后不能及时获得足够营养，就可能发生低血糖症。研究表明，向体重较轻的仔猪胃内灌注碳水化合物可以提高其成活率，葡萄糖就是乳猪较好的碳水化合物来源。要注意，不能用白糖，因喂白糖后易引起腹泻。

9.难产处理

（1）难产的症状　母猪妊娠期延长超过8天，阴门排出血色分泌物和胎粪，没有努责或努责微弱不产仔；母猪产出1~2头仔猪后，仔猪体表已干躁且活泼，而母猪1小时后仍未产仔，分娩中止；母猪长时间剧烈努责，但不产仔，都为难产。

（2）常见的两种难产处理方法

1）子宫收缩无力型难产　多出现在体质差、带仔多的母猪。治疗上采用每隔30分钟肌肉注射催产素20单位。小剂量的重复使用催产素比一次性使用大剂量有好处，注射催产素必须在母猪已流胎水后和经检查确定产道已经开张、胎位正常和不存在产道堵塞时，方可注射。

2）胎儿阻塞型难产　主要由于胎儿过大或胎位不正引起，多出现在膘情过肥的母猪。处理时采用掏猪助产。

常用工具：碘酒（2%）、塑料手套、注射器及针头、石蜡油、催产素、青霉素等。

人工助产：消毒阴门，助产员修短指甲，用肥皂水清洗手和臂，并用 2%的碘酒消毒；戴上塑料手套，掌心向下，五指并拢，慢慢进入阴道内，如胎位不正要先纠正胎位，抓住仔猪双脚或上颌部，随着母猪努责开始向外拉仔猪，动作要轻，不要强行向外拉，拉出仔猪后应及时帮助仔猪呼吸；用抗菌素治疗母猪。

母猪难产的比率只有1%，初产母猪容易发生难产，人工助产对母猪的健康和繁殖性能有较大影响，迫不得已才进行人工助产。

（四）死胎或木乃伊胎猪的处理　怀孕母猪到产期并有一些临产表现：乳房膨胀、分泌乳汁，但又无胎儿产出，腹部逐渐缩小，过期不产，胎儿已死，被吸收，人称怀鬼胎。对怀鬼胎的母猪，可注射氯前列烯醇让死胎或木乃伊胎排出。骨骼钙化后死亡的胎儿会造成木乃伊胎，如果全窝或多数胎儿都木乃伊化就要考虑母猪患有伪狂犬病等繁殖障碍性疫病。

三、哺乳母猪的饲养管理

为了保证长期发挥母猪的最大生产力，营养和管理方面必须注意满足母猪繁殖需要和维持自身的体况，营养的关键在哺乳期，因为这时营养需要非常高，并且要维持体况以提高将来的繁殖性能。

哺乳母猪的饲喂目标是使母猪产生充足的奶以哺育自己的仔猪，并防止体重减轻过多，以保证断奶后尽快发情。

产后母猪要哺乳，需要逐渐增加饲喂量，在哺乳母猪日粮中添加脂肪会提高泌乳量、初乳和常乳的乳脂率、从而也提高仔猪的成活率；还可减少母猪的体重下降，并促进母猪断奶后的发情。脂肪添加量为3%。

哺乳母猪的饲喂方法是：每头母猪2千克基础料（哺乳料，个别母猪产后采食量差，基础料减为1.5千克，个别偏肥的母猪，应适当控制饲喂量），每哺乳一头仔猪增加0.5千克，直到增加到7千克／天。泌乳期的高采食量对于维持高的产奶量、减少哺乳期的体重损失和断奶后再配种都至关重要。到断奶前3天再减料，每天减0.5千克。

保持产房干燥、洁净的环境。产后强迫母猪站立、运动，站立吃料，恢复体况。注意保护母猪的乳头、乳房，头胎猪尤其重要，特别注意每个乳头的充分利用。采取人工辅助的方法，使母猪养成两侧躺卧的习惯，并给仔猪固定乳头，以免影响以后乳房的发育。此外，对于产仔少、膘情差、哺乳能力差、早产、头胎的母猪，将母猪早断奶，仔猪并窝，充分利用母猪的每个乳头。

预防母猪应激综合征的发生，母猪应激综合征多发于每年炎热多雨的季节及后备母猪，经产母猪相对较轻。主要症状是食欲不振、耳部苍白、磨牙、便秘呈羊粪球状。它主要由于怀孕后期妊娠负担加重，产仔刺激，天气闷热，发热性疾病等应激。母猪发生应激时，立即肌肉注射维生素C或0.1%肾上腺素。

四、种母猪饲养流程

前面分别讲述了后备母猪、妊娠母猪及哺乳母猪的饲养管理要点，本节归纳性地阐述种母猪的饲养流程，把不同阶段、不同状态的母猪，在不同厩舍饲养的时间，喂什么饲料、喂多少量，以及注意事项作了说明，简明易懂，有操作性。

总的来说：种母猪的营养策略为：妊娠母猪需要的是较低日粮蛋白和氨基酸水平及高纤维水平；哺乳母猪则需要高蛋白、高氨基酸水平及可利用的高营养物质浓度。最大限度地提高哺乳母猪的采食量，而后备母猪和妊娠母猪限制饲喂（图20）。

种母猪饲养流程图解释

1.种母猪分阶段饲养 必须分为后备期、妊娠期、哺乳期和空怀期

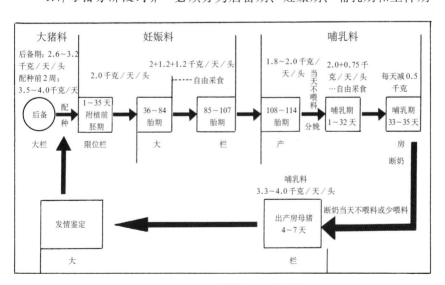

图20 种母猪饲养流程图

4个阶段饲养。

2.不同阶段的母猪养在不同的厩舍

（1）大栏　饲养后备母猪、妊娠后期母猪和空怀母猪，后备母猪和空怀母猪每头占地2米²，妊娠母猪2.5～3米²。大栏温度要求在20℃左右。

（2）限位栏　又称定位栏，只能饲养配种至妊娠附植期和胚期的母猪，也就是妊娠35天以前的母猪，主要目的有两个：①防止流产；②限制饲料喂量。

限位栏的温度要求在20℃左右，特别怕高热，高热可造成胚胎死亡和热应激流产。如果猪场限位栏较多，可养至妊娠40天，以后就转入大栏，增加运动。

（3）产房　经产猪提前3天，初产猪提前7天进产房适应环境，在此产仔和哺乳。

3.母猪不同阶段、不同状态喂不同的饲料

（1）后备母猪的营养目标　保证小母猪的正常生长发育，保持适中的种用体况，性成熟与体成熟平行发展，能够如期发情。地方品种猪4月龄体重在30～35千克，瘦肉型品种4月龄体重在45～55千克，210日龄体重达120千克。后备猪喂大猪料（蛋白14.0%、赖氨酸0.7%），喂量是：后备期，每头每天喂2.6～3.2千克；配种前2周加料催情，每头每天喂3.5～4.0千克。

瘦肉型母猪在后备期可以饲喂低蛋白日粮，目的是增加体脂含量，同时在日粮中添加硒和维生素E，对今后泌乳和再配种有很重要的作用。

（2）妊娠前期　妊娠母猪在妊娠107天以前喂妊娠料（蛋白13.0%、赖氨酸0.5%），配种至妊娠84天，一定要严格把料量限制在每头每天2千克，不能多喂，多喂有害无益，此期胚胎主要是形成各种器官，生长速度慢，妊娠84天以前，只长胎儿初生重的34%。此期母猪过肥，不利于受精卵着床。

（3）妊娠后期（产前30天）　是胎儿增长最快的时期，30天要长胎儿初生重的66%。因此，妊娠85～107天要增加饲料喂量，每头每天增加1.2千克，直到自由采食。这一时期的日粮中可把脂肪含量加至7%，好处是可以促进胎儿生长，提高初生重，产出均匀、健康活泼的仔猪。108天至分娩，改喂哺乳料，每头母猪每天喂1.8～2千克，这样可以减少产后无乳综合征的发生。

（4）进入产房　妊娠母猪提前 7 天进入产房后，就改喂哺乳料（蛋白 14.0%，赖氨酸 0.7%），每头每天 1.8～2 千克。

（5）母猪分娩的当天　不要喂料，分娩时母猪要努责、腹压较大，胃中料多时受到压力，对胃不利。

4.母猪产仔后　需要增加饲料喂量，从产后第 1 天基础料 2.0 千克，每哺乳 1 头仔猪，增加 0.5 千克，直到 7.0 千克／天或自由采食。如果头 2 天料吃不掉，就少增加一点。

饲喂妊娠母猪和哺乳母猪的关键是：妊娠早期严格限饲。哺乳期要加强营养，采用一切已有技术促使母猪最大限度地增加能量摄入，从而促进产乳，提高仔猪存活率和增重，减少母猪泌乳期的体重损失，缩短断奶至发情的间隔。

5.断奶　母猪断奶前 3 天要减料，减至每头每天 1.8～2 千克。目的是减少料，减少乳汁，减轻乳房的负担，断奶当天可以不喂料或少喂料。

母猪断奶后出产房 4～7 天，继续喂哺乳料，每头每天 3.5～4.0 千克，有利再发情。7 天以后不发情者，就要换成大猪料。

从仔猪断奶的第 3 天起，在母猪日粮中添加 200 毫克维生素 E 和 400 克胡萝卜，到母猪发情时将这两种的添加量减少一半，喂至怀孕后 21 天为止，采用这种方法，可使母猪产仔数增加 22% 左右，而且母猪、仔猪体状良好，成活率提高。

五、母猪体况的评定

母猪体况对繁育有很大的影响，母猪过瘦或过肥都会导致发情延迟、产仔性能降低、淘汰率增高等问题。太肥的母猪到哺乳期就没有很好的食欲，哺乳期时没有很好的食欲将导致母猪体重下降，延长断奶到发情的间隔，减少怀孕，减少胚胎成活率。母猪太瘦不抗冷、不发情或减少排卵，因此，要评定母猪的体况，根据体况评定，确定母猪饲喂量。母猪体况评定最准确的方法是测定背膘，但背膘仪价格昂贵，需有技术人员使用，一般的猪场很难承受。肉眼观察评定母猪体况的方法，虽不太精确，但比较实用。

母猪体况一般评定两次，即妊娠后 30 天和断奶后各评定一次，方法是母猪体型的分数判定，根据不同的体况，评定为1、2、3、4、5分，3分是理想体型，具体评定见图21。

母猪的饲养目标是让85%以上的母猪体况评分在2～4分之间，由于断奶母猪会丢失膘情，所以允许大约10%的断奶母猪体况评分在2分，但对于整个母猪群来说，只允许大约5%的母猪体况评分在2分。根据母猪的体况评分，确定母猪的饲喂量，详见体况与饲喂量变化表：

体况与饲喂量表

体况评分	1.0	1.5	2.0	2.5	3.0	3.5	4.0	4.5	5.0
空怀母猪饲喂量	+0.6	+0.4	+0.3	+0.2	+0	−0.2	−0.3	−0.4	−0.6
（基础料3.5	（千克／日，以下同）								
千克／日）									

引自：刘海良主译.养猪生产.中国农业出版社

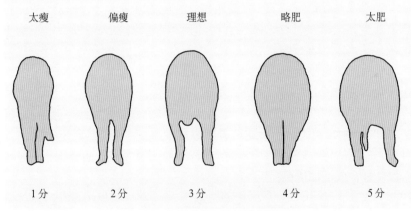

太瘦	偏瘦	理想	略肥	太肥
1分	2分	3分	4分	5分

图21　母猪体型的分数判定

1分：髋骨、骨盆骨、脊柱及肋骨明显突出，触之很硬。尾根四周塌陷，腹胁明显内陷。背膘厚度13毫米以下。

2分：髋骨、骨盆骨、脊椎凸出，略用力可触到硬骨，腰窄，肋间隙不明显，不易见到一根根肋骨，尾根四周下陷，两腹胁略扁平。背膘厚度15毫米左右。

3分：髋骨、骨盆骨、脊柱都看不到，仅有肩部脊柱明显突出，用力才能摸到骨骼（肋、脊柱突），骨上被覆肌肉脂肪，呈弹性，尾根不凹陷。背膘厚17毫米左右。

4分：摸不出脊柱、腰椎、肋骨，肋间隙消失，臀部很大，尾根四周无凹陷。背膘厚20毫米左右。

5分：肥得圆滚滚，脊梁骨和腰椎上堆满肥肉，体中线凹陷，身躯呈圆柱状，尾根四周丰满，腹胁隆起。背膘厚23毫米左右。

第八节　仔猪的培育

从初生到断奶阶段的小猪称仔猪。仔猪阶段是猪一生中发育最快、可塑性最大、饲料利用率最高的阶段。是增加猪的存栏数，提高质量、降低成本、增加效益的关键时期。

培育仔猪的任务是获得最高的成活率和最大的断奶窝重。要达此目的，必须掌握仔猪的生理特点，采取相应的饲养管理措施，搞好仔猪的培育。

一、仔猪的体温调节机能差，对寒冷的适应力弱，行动不灵活，易被压死和冻死

仔猪在母猪的子宫内，温度是39.0℃，仔猪出生是一个很突然的环境变化，新生仔猪皮薄毛稀、皮下脂肪少、散热快、保温性能差，并且仔猪大脑皮层调温中枢发育不完善。生下后环境温度低于34.0℃时，仔猪就怕冷，没有适当的温度是不能生存的，易被冻死。因此要给新生仔猪增加保温设备，新生仔猪保温箱的温度要求不低于34.0℃，产后每周降低2℃，到断奶时22～25℃。

寒冷对仔猪的直接危害是冻死，同时也是其他疾病发生的诱因，例如新生仔猪腹泻就与温度低有直接关系，据研究，仔猪生下后环境温度低于34.0℃，每低1℃新生仔猪腹泻的发生率就升高5%。所以，加强初生仔猪保温是养好仔猪的特殊护理要求，是提高仔猪成活率的关键。

另外，初生仔猪反应迟钝，行动不灵活，易被压死和踩死，特别是3日龄以内的仔猪，被压死和踩死的占仔猪死亡的60%以上，饲养管理人员要特别小心护理。采用产床产仔是防止仔猪被压死和冻死的一项重要措施。

二、仔猪缺乏先天的免疫力，抗病力差，容易得病，要靠初乳获得被动免疫

猪的胎盘不能传送抗体，新生仔猪在出生时没有抵抗病原体的免疫力，只有吃了含高水平抗体和大量免疫球蛋白（免疫球蛋白占初乳中蛋

白质的60%～70%）的初乳，才能在短时间内抵抗病原微生物，这种抗体称母源抗体。

初乳在产前10小时开始分泌，并且分娩后不需要吸吮刺激就可以连续排乳，直到产后30～36小时。要保证每头初生仔猪都能吃上初乳。

三、固定乳头、让所有仔猪都能吃足乳

不同乳头的泌乳量不同，以长白猪为例，第4对乳头泌乳最多，依次为2、3、5、1、6、7对，让弱小仔猪吃4、2、3对乳头，强壮的仔猪吃1、6、7对乳头。

四、采用寄养、解决仔猪吃不上乳的问题

母猪产仔太多，乳头不够吃；母猪无乳或母猪死亡；头胎母猪或较瘦母猪等情况下，可将仔猪部分或全部的寄养给其他母猪。可将部分仔猪寄养给奶水好的老母猪或将被淘汰带仔少的老母猪。将初产母猪的部分仔猪寄养后，还有助于缩短断奶至发情间隔以及增加下一胎的产仔数。

寄养一般在仔猪出生24小时内进行，将先出生的仔猪调往后出生的仔猪栏内，寄养仔猪时要挑一窝中最大的仔猪寄养，因为这些仔猪更容易接受新环境，并能和原圈仔猪进行竞争；若寄母刚产仔、产仔数又不多，那么弱小的仔猪会有更好的生存机会，在这种情况下也可寄养弱小仔猪。有病的仔猪不得寄养。还要特别注意，要确保被寄养的仔猪吃好初乳。

仔猪寄养，还可以采用反向寄养法：

母猪A ◄— 分娩24小时把最强壮的仔猪寄养 —**母猪B** ◄— 分娩12小时把最强壮的仔猪寄养 —**母猪C**

仔猪早期断奶的、产仔少的、一部分仔猪死亡的母猪，也可以做寄母，寄养时，将原窝仔猪和寄养来的仔猪全部放到保温箱中，混合2小时左右，混合仔猪身上的气味，使母猪不易识别新来的仔猪，待母猪积乳发胀时，再让全部仔猪一起吃乳。

五、打耳号

为了便于管理、育种和科学试验研究记录，需要给仔猪编号，给仔猪编号的方法很多，最常用的有两种：

（1）戴耳牌　在塑料耳牌上用记号笔写上数字，再用耳牌钳戴在猪的耳上，即是猪的号数。

（2）剪耳号　用耳号钳在仔猪的两耳边缘剪缺口，一个缺口代表一个数字，把几个数字相加即是猪的号数。耳号的剪法和缺口代表的数字有多种，最常用又易识别的是"上1下3、右小左大"法，即右耳上缘的一个缺口为1，下缘的一个缺口为3，耳尖缺口为100；左耳上缘的一个缺口为10，下缘的一个缺口为30，耳尖缺口

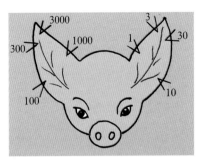

图22　种猪耳缺号样图

为200。各场有自己耳号的剪法，如云南泸西蓝天种猪场的耳号见图22。

六、仔猪生长发育快，物质代谢旺盛，需要补铁、补饲

仔猪的初生重一般在1~1.5千克，但出生后生长很快，10日龄体重就为初生重的2~3倍，30日龄为8~10倍，60日龄为10~20倍。为了满足仔猪快速生长的需要，仔猪在哺乳期需要补铁、补饲。

1.仔猪补铁　初生仔猪极易缺铁，引起仔猪出现营养性、缺铁性贫血。仔猪出生后如果不及时直接补铁，早者3~4日、晚者8~9日仔猪便出现贫血症状，影响仔猪的生长发育。

缺铁性贫血的症状是：血液稀薄、水样，皮肤和可视黏膜苍白，呼吸困难，背毛粗乱，生长不良，发育迟缓，食欲减退，饲料效率低下，抗病能力降低，严重者死亡。

补铁的方法是：仔猪3日龄时肌肉或皮下（股内侧）注射含150~200毫克铁和1毫克亚硒酸钠的铁硒合剂，如富铁力，补充铁硒合剂后，提高仔猪体内血红蛋白含量，防止贫血的发生，可提高仔猪断奶窝重15%~20%。

2.仔猪补饲　在产仔后7天，母乳的量能够满足每个仔猪的生长需要，产后10天母乳的供应量已达到最大限度，以后乳汁开始供应不足，仔猪生长就受到抑制，为此，提前一点，仔猪7日龄开始补饲，选用优质全价乳猪颗粒料，在仔猪开食日粮中应添加维生素C，促进生长。补饲料要少喂勤添，保持料的新鲜度，料槽中不可装满饲料，仔猪流出的

口水、饮水时口中带来的水、甚至把尿混入料中，会使饲料结块、发霉，而被仔猪拒食。

七、去势

一般认为，仔猪去势时间越早，应激越小，而应激越小，仔猪恢复就越快。仔猪最适宜的去势日龄为10日龄。

八、仔猪断奶

仔猪适时断奶，不仅对仔猪的生长发育，同时对母猪的再发情和胚胎的早期发育都有影响，应该根据母猪泌乳、卵巢恢复、再发情和断奶后有利于仔猪保育等因素而确定断奶时间。

（1）哺乳仔猪日增重在250克左右，每增重1克体重需4~4.5克母乳，因此一窝10头仔猪，每日共需母乳10~11千克。从产仔到哺乳10~12天，母猪的泌乳量会逐渐增多，18~22天时达到高峰，然后就下降；

（2）母猪的最佳哺乳期是第20~30天之间，哺乳期长会导致早期胚胎死亡，早期断奶（3~4周）比晚期断奶（4周后）少产活仔0.25头；

（3）母猪分娩后至少15天，卵巢才准备好产生更多卵子，分娩后21天，母猪子宫才会从分娩过程中完全恢复，因此，在分娩后21天内给母猪配种是没有结果的；

（4）断奶对仔猪来说是一个很大的应激，断奶越早应激反应越大，5周龄断奶的仔猪要比3~4周龄断奶的仔猪更能对付应激反应；

（5）仔猪猪瘟苗首免最好在20~30日龄，免后5天断奶，把注苗和断奶这两个应激因素错开，减少猪的应激程度，利于仔猪保育，利于猪断奶后多系统衰弱综合征的预防；

（6）大多数母猪在仔猪断奶后4~7天内发情；根据以上因素、饲养管理技术水平和疫病发生情况，仔猪断奶采用28~35日龄比较合适，如果脱离自己的实际情况，盲目进行早期断奶将欲速而不达；

（7）仔猪断奶体重　断奶体重＝初生重＋（平均日增重×断奶日龄）。断奶体重对仔猪今后的生产性能有很大影响，最小断奶体重的指标为5.5千克，正常断奶时25%的仔猪较大，50%仔猪中等，25%的仔猪较小。采用35日龄断奶的仔猪，到28日龄时先将大的、中等的、7.5千克以上的仔猪断奶，把剩下的小仔猪集中起来，寄养给母性好、产奶多的断奶母猪，到35日龄整窝断奶；

（8）仔猪断奶时，在日粮中添加维生素C可以提高生长速度，仔猪断奶较早时，添加维生素C效果更明显。

第九节　保育猪的饲养管理

仔猪断奶后就进入保育期，这一阶段一般为35～42天。断奶后是一个极为关键的时期，是猪一生中第二个困难时期，这一阶段的生长情况极大地影响仔猪到后备猪（商品猪）的生产性能和经济效益。因此，保育期的目标是让断奶仔猪平稳度过困难的断奶期并保持稳定的生长速度。

断奶对仔猪来说是一个应激，加之广泛流行的猪圆环病毒2型（PCV2），主要感染断奶后2～3天的仔猪，造成猪断奶后多系统衰弱综合征，该病对猪的危害很大，可引起猪的高死亡率，给养猪业造成大的经济损失。仔猪断奶应激和猪断奶后多系统衰弱综合征，对断奶仔猪来说是雪上加霜，因此，保育猪需要较好的房舍条件，高消化率日粮和精心饲养管理。

1.保育舍的基本条件　由于断奶后的几天里，仔猪的采食量较低和体脂损失较大，保育舍的温度应该比产房温度稍高，达到25℃最为合适，待仔猪达8.0千克时，温度可降到24℃，8.0～12.0千克时23℃，12.0千克以上可以21℃。保育期日温差不应过大，断奶后第1周，日温差超过2℃，仔猪就会发生腹泻、生长不良。

保育舍每头猪占地面积0.3～0.4米²，一般10头猪一个栏，每头猪的采食面积8厘米左右，每栏一个饮水器，饮水器高度26厘米较合适。

保育舍空气要流通，但又要避免有贼风进入。

2.保育猪的营养和日粮　保育猪的营养要求根据日龄和体重而变化，5～10千克体重的仔猪，日粮蛋白含量需20%、消化能（3 500大卡／千克）、脂肪6%～8%，这一阶段的日粮要注意适口性，可消化率至少要达到92%；10千克以上体重的仔猪日粮蛋白含量18%、消化能（3 300大卡／千克），此阶段可利用消化力低、低成本的蛋白和能量饲料。

在仔猪断奶后的头几周内，日粮中添加1.5克甲酸钙，可使仔猪的生长速度提高1.2%以上，饲料转化率提高40%，并能减少仔猪的发病率。

3.保育猪的饲养管理　保育猪的饲养管理要做到以间为单位的全进全出，在一间保育舍内只养日龄相近、体重差别不大的仔猪，公母分栏、大小分栏饲养。注意圈舍卫生，随时清除网床上的粪便，精心护理，及时治疗病弱猪。

保育猪的饲喂方式为自由采食，不限量，刚进保育舍不要急于换料，继续喂乳猪料1周，第2周的第1天乳猪料中加25%的仔猪料，第2天加50%的仔猪料，第3天加75%的仔猪料，第4天才单独喂仔猪料。

4.保育猪的饲养目标　①达20千克体重时死亡率低于1%；②保育期平均日增重500克，到48日龄时平均体重为18千克。保育猪体重达25～30千克时，转入生长猪舍或育肥。

第十节　生长肥育猪的饲养管理

生长肥育猪一般认为是从25千克或30千克到120千克重的阶段。每头占地面积只需1米²。

生长肥育阶段猪消耗了其一生所需饲料的75%～85%，约占养猪总成本的50%～60%。

饲喂肥育猪有三条基本理论应该应用于实践：其一、肥育猪日粮中纤维含量一般应在3%以内，日粮中每添加1%的纤维，蛋白质、能量以及干物质的消化率就至少降低1%；其二、肥育猪日粮中脂肪添加率每提高1%，日增重就提高1%、而饲料利用率则改善2%；其三、肥育猪的采食量和生长速度是影响猪场利润率的主要因素，生长速度很重要，生长缓慢的猪，其分摊的固定成本就会高于生长快的猪，要从生长缓慢的猪赚到钱是非常困难的。

母猪和阉公猪由于瘦肉和脂肪沉积以及采食量有差异，建议阉公猪和母猪分群饲养，这有助于更精确地配合日粮以满足两种性别猪的营养需要。阉公猪能消耗超过瘦肉组织合成所需的能量，当阉公猪接近上市体重时，能量摄入愈多愈有害。在生产实践中，阉公猪肥育后期可以考虑限制采食的能量，也可以在肥育后期的日粮配方中加入一些纤维饲料以限制能量摄入，从而减少脂肪沉积。

环境温度影响猪的采食量，从而影响肥育猪的营养需要和生产性能。育肥猪最适宜的温度是18℃。如果饲养在低温环境里，产生的热量将用于维持体温；相反，在高温环境中，机体为了减少产热量而降低采食量。

生长肥育猪的日粮中添加抗生素和"生长促进剂"通常可以提高增重和改善饲料报酬，这可能是控制了亚临床疾病的结果。随着日龄的增加，抗生素对猪生产性能的促进作用呈下降趋势。因此，在生长猪（25～70千克）中使用抗生素大约可改善4%～6%的经济效益，在肥育猪（70～120千克）使用抗生素意义就不大。

育肥猪料的营养水平为：前期消化能（1 300大卡／千克），粗蛋白16%，钙0.6%，有效磷0.3%，食盐0.3%；后期粗蛋白减为14%。

使用含铜25%的五水硫酸铜，在日粮中添加125～250毫克／千克浓度的铜可作为生长促进剂，与抗生素相似，添加铜的效果随猪只体重和日龄的增加而下降。

许多生产者在仔猪阶段使用高锌（含锌3 000毫克／千克），生长猪阶段则换成高铜（含铜250毫克／千克）。

将小苏打加到缺乏赖氨酸的猪饲料中，可以弥补赖氨酸的不足，并有利于粗纤维的消化吸收，使猪长肉多、增重快，添加量为5%～8%。

第二章

猪的疫病防治

第一节　集约化、工厂化养猪中
猪病流行特征

随着我国集约化、工厂化养猪业的发展，大量从国外引进种猪，生产规模扩大，仔猪、肥育猪及其产品流通频繁，渠道增多，长途贩运，给传染病的发生和传播流行提供了有利条件，造成养猪生产中传染病时有发生。而且疫病种类较多，新病较多，混合感染较多，疫情十分复杂，给防疫工作带来极大困难。规纳起来目前我国集约化、工厂化养猪业生产中猪病的流行有以下几个重要特征。

一、环境因素造成猪体对疫病的易感性增高，新病不断出现

由于目前我国集约化、工厂化养猪生产刚刚起步，规模越来越大、密度很高，但养猪技术水平还不适应，管理不善、卫生防疫不严、猪舍通风换气不良、猪场及环境污染严重，加之各种应激、不良因素增多，使得猪体抵抗力降低，导致猪群对病原微生物的易感性增高。

随着对外引种的增多，猪的易感性增高、猪只流动频繁等情况出现，加之检疫、诊断与监测手段滞后，把一些诸如猪繁殖与呼吸综合征、仔猪断奶后多系统衰弱综合征等新病随着引种进入我国，在猪群中发生，并随着猪只流动在国内传开。

二、病原出现新的变异，疫病非典型化

在疫病流行过程中，受环境和猪体免疫力影响，某些病原的毒力出现增强或减弱等变化，出现新的变异株或血清型。加上猪群免疫水平不

高或高低不等，导致某些疫病在流行病学、临床症状和病理变化等方面从典型向非典型（温和型）转变；从周期性流行转向频繁的大流行。例如，猪瘟弱毒株的出现或由于猪瘟弱毒苗应用中免疫程序错误而导致"温和型"猪瘟。口蹄疫的大流行存在着周期性，每一个周期大约是10年左右，但从1999年至今口蹄疫全世界的流行间隔时间越来越短，从每5年到每3年大流行一次；又从每3年到每年流行一次，甚至1年流行多次，流行周期大大缩短，流行规律相对无序。给疫病诊断、免疫和防制工作带来极大困难。

三、繁殖障碍性疫病增多，种猪生产性能下降

在猪中，繁殖障碍性疫病过去很少，布氏杆菌病等少数几种疫病曾一度得到控制，但近年来在一些地方该病又有所抬头。不但如此，猪繁殖与呼吸综合征、伪狂犬病、细小病毒病和乙型脑炎等猪繁殖障碍性疾病在不少猪场频频出现，甚至两种或多种病在一个场同时存在，母猪流产、产死胎、木乃伊胎的比例一天比一天增多，最严重的猪场，一头母猪一年产两胎，只有2～5个活仔。种猪生产性能大大下降。

四、呼吸系统疫病多而杂，危害严重

在集约化、工厂化养猪生产中由于饲养密度加大、厩舍通风换气不良，为呼吸系统疫病的发生流行创造了良机。近年来猪支原体肺炎、猪传染性胸膜肺炎、猪传染性萎缩性鼻炎、副猪嗜血杆菌病、猪繁殖与呼吸综合征及猪流感等呼吸系统疫病，在各日龄的猪中发病率、死亡率都在增高，危害严重。

五、混合感染性疫病突出，雪上加霜

在集约化、工厂化养猪生产中，由于防疫和生物安全措施不到位、环境污染和多种传染原的存在，加之猪群易感性增强，导致两种或多种病原体所致的多重性感染或混合感染增多。例如临床上常见的保育猪高热呼吸综合征就常由猪繁殖与呼吸综合征、仔猪断奶后多系统衰弱综合征、猪喘气病、猪附红细胞体病、链球菌病、大肠杆菌病等混合感染。

六、免疫抑制性疾病不断涌现，损伤猪的元气

在猪病中猪繁殖与呼吸综合征、仔猪断奶后多系统衰弱综合征、猪伪狂犬病、猪应激综合征、猪流感和猪霉菌毒素中毒等疾病都能造成猪体免疫抑制，损伤猪的元气。这也是目前猪病越来越多、越来越复杂的重要原因。

上述猪病流行特点告诉我们，在集约化、工厂化养猪生产中，应该特别注重猪的福利，给猪群提供良好的生存环境，实行各生长阶段的保健，提高猪的体质，提高猪的免疫力，增强抗病力，这才能从根本上解决问题。

根据上述猪病流行特点，在猪病的编排中，我们采用了新的、更切合实际的分类方法。

第二节　重大疫病

一、口蹄疫

口蹄疫是由口蹄疫病毒引起的偶蹄类动物共患的急性、热性、高度接触性传染病。临床特征为口腔黏膜、蹄部和乳房发生水疱和烂斑。主要感染牛、猪、羊、骆驼、鹿等家畜及其他野生动物，人也能被感染，但十分罕见。

（一）**病原**　口蹄疫病毒（FMDV）属于小核糖核酸（RNA）病毒科口疮病毒属。现已知本病毒有7个血清型，即O、A、C、SAT1、SAT2、SAT3（南非1、2、3型）和Asia-1型（亚洲1型），61个亚型。各型之间的临床表现基本相同，但彼此均无交叉免疫性。

1.*口蹄疫病毒的毒力和抗原性*　口蹄疫病毒在毒力和抗原性这两个方面特别容易发生变异，病毒使动物致病种类能起变化。有时也出现病毒对某种特定动物种的适应并对其他正常高度易感的动物种的致病力可能减弱，还出现专门侵害猪的口蹄疫病毒；有的毒株对牛的致病力很强，而对猪较弱；而有的毒株对牛、对猪的致病力都很强；在同一地区流行的毒株，也有强弱之分。1997年台湾流行的口蹄疫就只感染猪，不感染牛。

口蹄疫病毒毒力变异与在宿主体内生长复制的能力密切相关。其表现是田间分离的强毒株通过细胞、乳鼠、鸡胚等传代使其毒力减弱，但对

本动物和实验动物的毒力却逐渐增强。同一毒株对不同动物的致病力有明显差异，如对牛安全的弱毒疫苗给猪接种，常常引起猪发病，甚至死亡。

2.口蹄疫病毒的理化特性及抵抗力

（1）口蹄疫病毒粒子对酸、碱特别敏感　pH7～7.5对口蹄疫病毒最适宜保存。在pH5.0～5.5时，经1分钟就有90%的病毒死亡，在pH3.0时，口蹄疫病毒瞬间即丧失感染力；当pH大于9.0以上，口蹄疫病毒迅速死亡，如1%～2%氢氧化钠或4%碳酸氢钠溶液能在1分钟内杀灭口蹄疫病毒。

（2）在低温下口蹄疫病毒十分稳定，而对热敏感　温度愈低，病毒存活时间愈长，温度愈高，则存活时间越短。在4～7℃可存活数月，−20℃以下，特别是−50～70℃可存活数年之久。在小块猪肉中的病毒，60℃下煮30分钟能杀死，70℃可存活10分钟，85℃1分钟即可杀死病毒。

（3）阳光对口蹄疫病毒的影响　在自然条件下，阳光照射、温度升高和阳光中的紫外线共同作用可杀死口蹄疫病毒。

（二）流行病学

1.口蹄疫一年四季都可发生，但也有淡季和旺季之分　由于口蹄疫病毒怕热不怕冷，所以在每年6、7、8月炎热季节少发，为淡季；11、12及来年1、2月寒冷季节多发，为旺季。随着商品经济的发展，人类活动频繁，运输动物来来往往，加之检疫不到位，致使口蹄疫发生、传播的机会增多，因此，口蹄疫发生的季节性也常常被打破。从世界性口蹄疫的历史分析，直观地看，口蹄疫的大流行存在着周期性，每一个周期大约是10年左右，但从1999年至今口蹄疫在世界上的流行间隔时间越来越短，从每5年到每3年大流行一次，又从每3年到每年流行一次，甚至1年流行多次，流行周期大大缩短。流行规律相对无序，给防制工作带来极大困难。

2.口蹄疫病毒主要感染偶蹄动物发病　口蹄疫病毒主要感染偶蹄动物发病，但也感染其他动物，自然感染最易发病的动物有黄牛、乳牛、牦牛、犏牛、水牛、猪、山羊、绵羊、鹿和骆驼。仔猪越年幼，发病率越高，患病越重，死亡率越高。

人也能感染口蹄疫，但十分罕见。

口蹄疫病毒能感染许多动物，无论是感染发病或是隐性感染的动物均能长期带毒和排毒。口蹄疫病毒在动物体内可以存活数月、数年甚至终身，并在群体中能世代传递。康复猪带毒时间为70天。动物携带口蹄疫病毒可以成为传播者，在口蹄疫流行中起着重要作用。有学者认为：羊是"保毒器"，保存病毒常常无症状表现，即使表现病状也轻；猪是"放大器"，可将弱毒变为强毒，病猪的排毒量远远超过牛和羊，是牛的20倍；牛是"指示灯"对口蹄疫病毒最敏感，只要受到病毒感染，就发病、就表现临床症状。

鸭子可以带口蹄疫病毒，但其本身不发病，是一个重要疫源库。

3.口蹄疫病毒可以通过发病动物呼出的空气、唾液、乳汁、精液、眼鼻分泌物、粪、尿以及母畜分娩时的羊水等排出体外　急性感染期屠宰的动物及污水可以排放大量病毒；病畜的肉、内脏、皮、毛均可带毒成为传染源；被污染的圈舍、场地、水源和草场等亦是天然的疫源地。饲养和接触过病畜人员的衣物、鞋帽，运输车辆、船舱、机舱、猪笼，被病畜污染的圈舍、场地、饲槽、饲草饲料、饲用工具、屠宰工具、厨房工具、洗肉水、食堂饭馆的残羹剩菜、泔水、兽医器械等等都可以传播病毒引起发病。

随着市场经济和国际贸易的发展，进出境动物及其产品流通量不断增加，加之检疫不严、消毒不彻底、兽医法规执行不力等原因，可能造成口蹄疫更多的传播机会，特别要警惕从国外和外地区输入病原。

4.口蹄疫的流行受多种因素的影响　易感动物的抵抗力、病毒的毒力、带毒物品的感染力、自然环境、经济和社会等因素都影响着该病的流行形式，流行形式一般可以分为4种：偶发或散法；流行性爆发；流行性大爆发和地方性流行，地方性流行又可分为经常性地方性流行（具有流行高峰）、间断性地方性流行（流行高峰与无病期交替出现）。

口蹄疫流行的最大特点是传播速度快，某一地区一旦进入疫原，从少数动物突然发病开始，疫情可迅速传开，短短几天内，就可以在该地区牧场、农户中同时出现牛、羊、猪大量发病，疫情好似野火烧山，一个火种很快就向四周燃烧、蔓延开来，这就是流行性暴发；疫情迅速扩散蔓延，在短期内传至其他县、市、省，乃至全国，引起牛、羊、猪等动物大批发病，这就是流行性大爆发。

引起口蹄疫突然爆发的疫原有两种：一种是内源性的，又叫地方性疫源；第二种是外源性的，即从毗邻国家和地区传入。气候、自然环境、地理、经济、社会因素等对口蹄疫的流行有很大影响，从最早的疫点快速传播，空气和风力起着重要作用。此外，通过各种传播媒介和途径也可以引起流行爆发。

猪口蹄疫的流行有其特点，主要为接触传染，在农村农户分散圈养的情况下，多为点状发生，而在集中饲养的猪场一旦发生，即很快传开造成爆发；随着仔猪、育肥猪的长途运输，往往把口蹄疫带到很远的地方，造成新的疫点。

（三）**临床症状**　被口蹄疫感染的牛、羊、猪，潜伏期一般为2～7

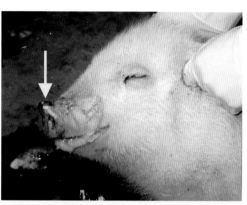

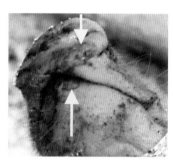

图23　病猪口流白沫，吻突上出现水疱、烂斑

图24　病猪上、下唇上的烂疱

图25　病猪蹄部皮肤的水疱及水疱破溃后露出的红色烂斑

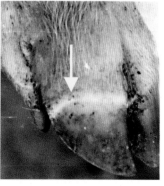

图26　病猪蹄冠上的条形水疱

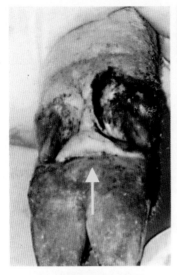

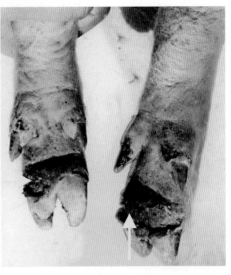

图27 病猪悬蹄间皮肤的"⊥"形水疱

图28 病猪前肢蹄后部破溃后露出的红色烂斑，蹄匣开始脱落

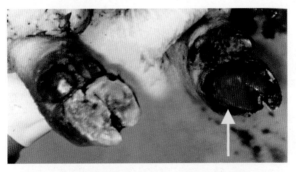

图29 病猪蹄匣脱落，肉蹄流出鲜红的血液

天，最短的12小时就发病，最长的达14～21天。在潜伏期内，病畜还未表现临床症状就已经在排毒，只要和病畜同群的牲畜，一般都已感染。发病后牛、羊、猪的症状大体一样，也略有不同。猪口蹄疫最早的症状是吻突、唇上发生水疱、烂斑，此时，偶见口内有白色泡沫（图23、图24），最典型的症状是蹄冠、蹄叉出现局部红肿，手触有热感，站立不稳、跛行、蹄上有水疱，蹄冠边缘、蹄踵、蹄叉、附蹄等处都会发生水疱（图25），蹄冠边缘的水疱长、融合成长条（图26）；蹄后的水疱常呈"T"形（图27），严重者蹄部破溃、蹄壳脱落，肉蹄鲜血淋漓（图28、图29），跛行或前肢跪地而行、卧地不起。出现水疱时，体温一般升高达40～41.5℃，水疱液呈灰白色，水疱刚破溃时出现红色的烂斑，烂斑边缘附有破淬的水疱皮；哺乳母猪的乳房上也易

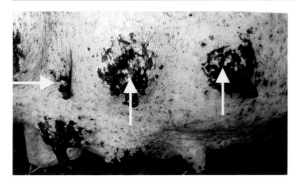

图30 病母猪乳房皮肤上的水疱和出血斑

发生水疱（图30）。

（四）病理剖检变化 口蹄疫病、死畜的剖检变化除口、鼻、蹄上的水疱和烂斑外，最常见到的变化是心肌疲软，幼畜心内、外膜上有出血斑点和淡黄色或灰白色点状、带状及不规则的斑纹，形似虎皮上的斑纹，故称"虎斑心"（图31）。

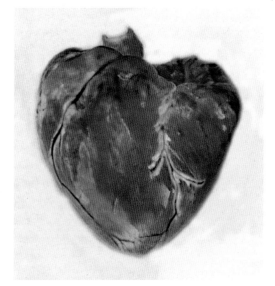

图31 口蹄疫病死猪心肌变性、坏死，在心外膜下出现淡黄色斑纹

（五）诊断 对口蹄疫的诊断要求快速、准确。一般分为临床诊断、鉴别诊断和实验室诊断定型。这里着重讲临床诊断和病料的采集、保存、送检。

1.临床诊断 临床诊断是根据口蹄疫发生的流行病学资料（疫病来源、患病动物种类、传播速度、流行特点），病畜的临床表现及病理剖检变化进行综合分析后得出的初步诊断。在老疫区，只要诊断人员牢记以下几个要点，一般临床诊断结果都不会错。

（1）口蹄疫病毒主要感染偶蹄动物，传播速度很快，在成年动物中呈高发病率、低死亡率，在仔猪等幼畜中死亡率则很高，可达90%以上。

（2）从临床症状上看，猪口蹄疫最典型的症状是蹄部、吻突、唇上产生水疱和烂斑，出现水疱时体温高达40～41.5℃，蹄壳脱落、肉蹄鲜血淋漓，跛行。

牛口蹄疫主要是"口型"，以流涎，舌、齿龈、唇、鼻镜、乳房上产生水疱为主要症状。出现水疱时体温升高，水疱很易破溃，水疱皮刚脱落时，现出红色烂斑，如不受细菌感染，烂斑的修复很快。

羊的口蹄疫又主要是"蹄型"，最明显的症状是跛行，在蹄叉、蹄冠等处产生水疱和烂斑，羊口腔中不易见到水疱，但在舌、特别是舌根部能见到褐色烂斑。

（3）从剖检变化看，患口蹄疫的幼畜心肌疲软，心内、外膜上常出现出血斑点或浅黄色、灰白色虎斑；牛、羊瘤胃肉柱上出现圆形的暗红色或棕色烂斑。

2.病料采集、保存及运送　口蹄疫病料是否合格直接影响到快速、准确地诊断与鉴定结果，采集病料的种类和方法如下：

（1）水疱皮　在舌、蹄、乳房或鼻上采集新鲜水疱皮5～10克（不要采集腐败、溃烂的皮痂等表皮组织），装于灭菌瓶内，加50%甘油生理盐水或50%甘油磷酸缓冲液（pH7.2～7.6），置于−20℃以下冰箱冻存。

（2）水疱液　用消毒注射器吸取未破裂水疱的水疱液1～5毫升，装于灭菌瓶内，加青霉素（1 000单位／毫升）、链霉素（500微克／毫升），不加保存液，冷冻保存。采集的上述病料装好后，用蜡封口，贴上标签和附详细说明，标明采集动物种类、病料名称、采集时间和地点、送检单位等。将病料装于冷藏瓶内，密封后立即派专人或航空寄到鉴定单位。

（六）综合防制措施　世界上防制口蹄疫的办法大体分为3种，第一种扑杀；第二种扑杀、免疫相结合；第三种疫苗免疫。我国对口蹄疫实行预防为主的方针，一旦有口蹄疫传入、发生，扑灭的原则是"早、快、严、小"四个字，"早"即早发现可疑畜、病畜。可疑畜、病畜发现愈早，愈能尽快启动口蹄疫防控预案，把病扑灭在萌芽时期，减少损失，是消灭口蹄疫的关键举措。"快"是防疫工作行动要快。快确诊、快隔离、快封锁、快消毒、快处理感染畜、快通报等。"严"是严格执行口蹄疫防控预案的一切措施，防止口蹄疫传播蔓延。"小"是根据疫情发生地的实际情况，划定疫点的范围要小，减少工作量和工作阻力，努力使损失降到最小程度。具体的综合防制措施是五个强制，两个强化：强制免疫、强制封锁、强制扑杀、强制检疫、强制消毒；强化疫情报告、强化防疫监督。

1.实行强制免疫，提高牲畜抗病能力 预防性免疫接种是成功控制口蹄疫的方法之一，也是最经济的措施。我国目前预防口蹄疫的疫苗主要有：猪O型口蹄疫灭活疫苗，猪O型口蹄疫灭活疫苗（Ⅱ）；牛、羊口蹄疫灭活疫苗，牛、羊口蹄疫O-A型双价灭活疫苗。

（1）预防接种 是在健康动物群中尚未发生口蹄疫之前，定期有计划地对健康动物进行免疫接种。

（2）紧急接种 在已发生疫病的地区，为了迅速扑灭疫情而对尚未发病的动物进行临时性免疫接种，以保护受威胁的动物免受传染。

2.实行强制封锁，严防疫情扩散 按照《中华人民共和国动物防疫法》规定，发生一类动物传染病时，要对疫点、疫区实行强制封锁。封锁是迅速扑灭口蹄疫，防止大范围传播的有效措施。

3.实行强制扑杀，彻底消除疫源 强制扑杀病畜和同群畜。发生口蹄疫后，为防止扩大传染、蔓延，应立即对病畜及同群畜进行扑杀处理，扑杀后的尸体在动物防疫监督人员的监督下，进行1.5米以下深埋或焚烧等无害化处理。

4.实行强制检疫，限制病畜及其产品流动 口蹄疫是法定检疫对象，为了防止口蹄疫传进、传出，必须严把检疫关。禁止从有口蹄疫的国家、地区引进偶蹄动物及其产品，对有可能来自疫区的动物及产品必须进行严格检疫。应做好产地检疫、屠宰检疫和动物及动物产品的运输检疫，不让染疫动物及动物产品流动。

5.实行强制消毒，全面净化环境 消毒是防制口蹄疫的关键措施之一，为了防止疫源扩散，要制定防疫消毒制度，定期消毒，使消毒工作经常化、制度化。特别要抓好疫点、疫区的畜舍、排泄物、污染物品及环境的消毒，牲畜市场、屠宰场、养殖场的消毒及牲畜运输工具的消毒。口蹄疫病毒对酸、碱、氧化剂都敏感，可选择其中一两种按说明书使用，但要注意的是：不可同时、同地使用酸和碱相拮抗的药剂。

6.强化疫情报告制度 根据《动物疫情报告管理办法》，发生口蹄疫时应该逐级快报，确认疑似口蹄疫疫情时，应在2小时内报告当地防制口蹄疫指挥部办公室，并在24小时内逐级快报到全国防制口蹄疫指挥部办公室。任何单位和个人不得瞒报、谎报、阻碍他人报告疫情。要树立依法制疫思想，克服地方保护主义，相邻的县、市互通疫情，不要隐瞒疫情，更不能把疫区内的病、死畜贩卖、调运出疫区。

7.强化疫情监测、强化防疫监督　对可疑动物的迅速识别是消除口蹄疫的先决条件，动物防疫监督部门应对非疫区和解除封锁后的原疫区，定期、不定期地进行口蹄疫疫情监测。还应使广大农民和基层兽医工作者充分认识口蹄疫的危害性、特征症状及防制措施，对口蹄疫的传入保持高度警惕性。

二、猪瘟

猪瘟是由猪瘟病毒（CSFV）引起的一种急性、热性、高度接触性传染病，我国把猪瘟列为一类动物疫病，是严重危害养猪业发展的一种烈性传染病。

目前，猪瘟的发生有两种情况：一种是猪瘟强毒引起的古典型猪瘟，另一种是由弱毒引起的"温和型"猪瘟。

（一）古典型猪瘟　古典型猪瘟发病急、感染率和死亡率高，以全身败血、内脏实质器官出血、坏死和梗死为特征。对不同年龄、品种的猪都易感，一年四季都可发生。潜伏期5～10天，短的只有2天，最长可达21天。

从临床表现可分为最急性猪瘟、急性猪瘟和慢性猪瘟。

最急性猪瘟生前无明显症状，突然死亡。

急性猪瘟的典型症状是：体温40.5～42℃稽留，行动迟缓、怕冷、寒颤、钻草或互相堆叠在一起（图32）；脓性结膜炎；病猪在耳、四肢内侧、腹下等处皮

图32　古典型猪瘟
病猪发热、怕冷、钻草、堆叠

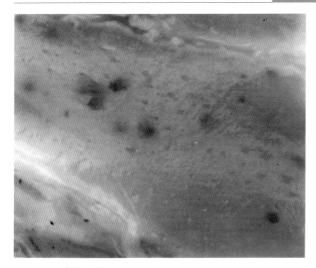

图33 古典型猪瘟
腹部皮肤上的出血斑点

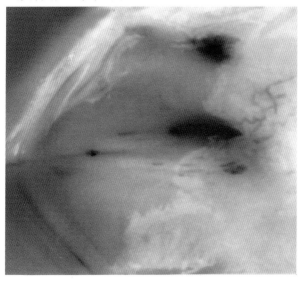

图34 古典型猪瘟
会咽软骨上的出血斑

肤上出现大小不等的红色出血点，指压不褪色（图33）；口渴、特喜饮脏水，先便秘、后腹泻或腹泻、便秘交替发生，排出恶臭稀烂或带有肠黏膜、黏液和血丝的粪便；后肢无力，站立或行走时歪歪倒倒；部分病猪表现神经症状，四肢呈游泳状划动。

慢性猪瘟由急性转变而来，主要表现消瘦，体温时高时低，食欲不振，便秘和腹泻交替进行，被毛粗乱，步行无力，体表有紫红色出血点。

古典型猪瘟的特征性剖检变化是：喉头、会厌软骨及扁桃体出血（图34、图35）；肠系膜淋巴条状肿大、周边出血（图36、图37）；脾脏梗死、肾脏及膀胱浆膜、黏膜点状出血（图38、图39、图40、图41）；回盲口、盲肠、结肠或直肠黏膜上有"纽扣状溃疡"（图42）。心外膜和肺表面急性出血（图43、图44）。

图35 古典型猪瘟
扁桃体上的出血点

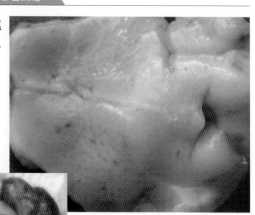

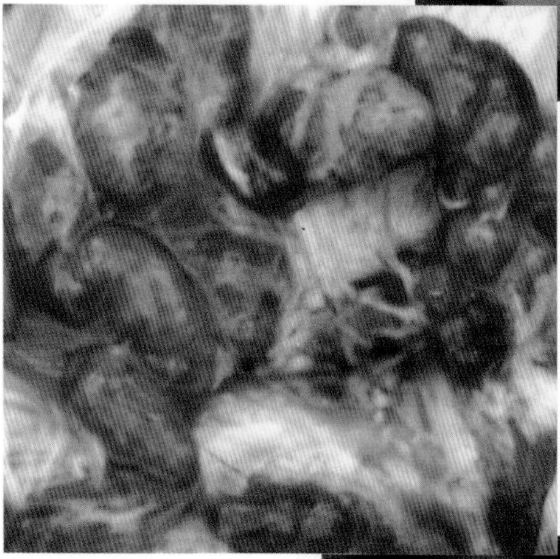

图36 古典型猪瘟
肠系膜淋巴结出血肿大

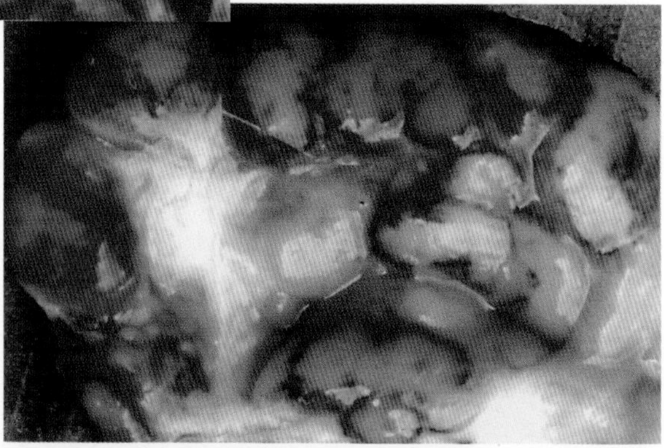

图37 古典型猪瘟
淋巴结切面周边出血

图38 古典型猪瘟
脾边缘梗死

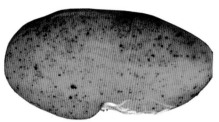

图 39 古典型猪瘟
肾包膜下的出血点，形似"麻雀蛋"

图 40 古典型猪瘟
膀胱浆膜面和肠浆膜上
的出血斑点

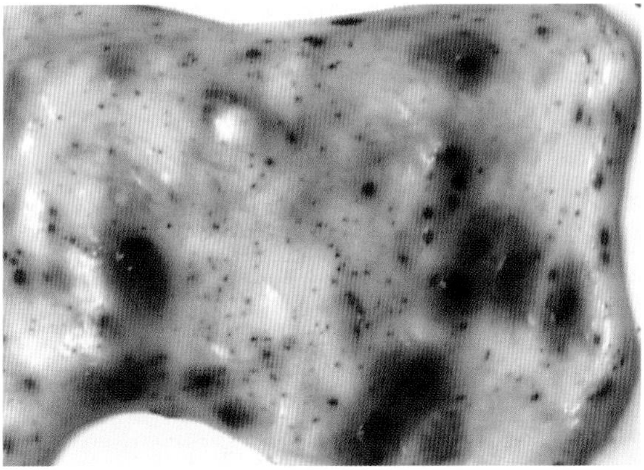

图 41 古典型猪瘟
膀胱黏膜上的出血斑点

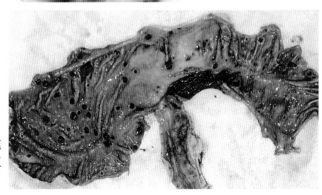

图42 古典型猪瘟
盲肠黏膜上的"纽
扣状溃疡"

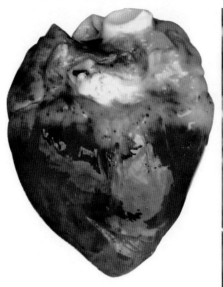

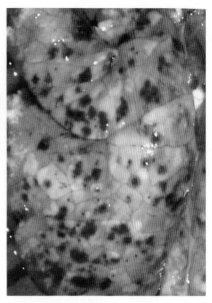

图 43　古典型猪瘟
心外膜上的出血点

图 44　古典型猪瘟
肺小点状出血

　　（二）温和型猪瘟　温和型猪瘟临床症状不典型，尸体剖检病变也不明显和不典型，发病率和死亡率也没有古典型猪瘟高。

　　造成温和型猪瘟的原因十分复杂，主要原因有 5 个方面：①猪瘟病毒发生变异，产生了致病的弱毒株。②猪瘟弱毒苗的免疫程序错误，在母猪妊娠期注射猪瘟弱毒苗引起胎盘感染，中国 C 系兔毒（猪瘟弱毒苗的种毒）注射妊娠母猪可引起胎盘感染，但不造成仔猪死亡，这些经胎盘感染的仔猪，往往成为持续性感染者，可长期带有猪瘟弱毒和排出这种弱毒株，这些猪产生先天免疫耐受，对猪瘟苗的免疫应答水平很低，表现为免疫无能、抗体水平低下、免疫失败。有一猪场，育肥猪 100 多头，每月进行一次猪瘟苗免疫，连续免疫 3 次以后，发生了温和型猪瘟。③猪瘟弱毒苗的免疫剂量不足，我国猪瘟苗出厂检验标准是以 5 万倍稀释能致兔体热反应为合格，而国际标准是 13 万倍稀释能致兔体热反应为合格，我国台湾标准是 16 万倍稀释能致兔体热反应为合格。因此，按国际标准或台湾标准我国猪瘟弱毒苗 1 头份的含毒量就只有 1/2～1/3，免疫剂量不足，产生的低水平抗体不能阻止强毒在体内复制和带毒。④疫苗质量与操作失当,猪瘟弱毒苗需要低温保存(-15℃以下),若运输途中和保存时温度过高、装瓶时失去真空、疫苗超过有效期使用、稀释液不合格、疫苗稀释后不能尽快用完等都会影响疫苗质量。⑤猪群中存在免疫耐受性疫病(如猪蓝耳病、伪狂犬病)和饲喂霉变饲料时,造成猪瘟的免疫失败而发生温和型猪瘟。

经胎盘感染仔猪排出的弱毒株,再感染妊娠母猪后,病毒经胎盘感染胎儿,造成妊娠母猪带毒综合征,发生流产、死胎、木乃伊胎、产弱仔及仔猪皮肤发疹、震颤等症,随之仔猪整窝或多数拉稀、死亡,这就是温和型猪瘟造成的繁殖障碍。

剖检温和型猪瘟病例,病变不明显和不典型,往往只能发现喉头点状出血,肾呈土黄色,表面隆突不平,出现沟状结构,并有米粒大乃至指头大小的灰白色坏死灶深入皮质内(图45、图46、图47、图48、图

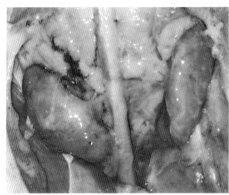

图45 温和型猪瘟
两肾包膜下胶样浸
润,表面凹凸不平

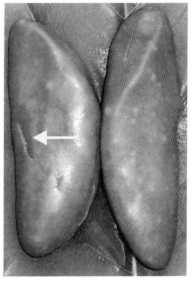

图46 温和型猪瘟
肾表面出现沟状结构

图47 温和型猪瘟
肾表面的勾状结构和灰白色斑点

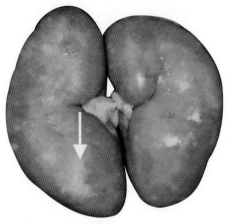

图 48　温和型猪瘟
肾表面的沟状结构和灰白色斑点

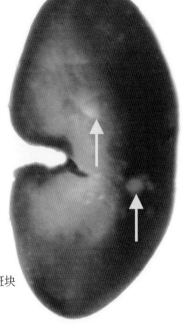

图 49　温和型猪瘟
肾表面大块状灰白色斑块

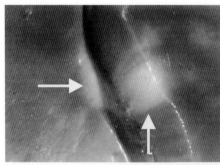

图 50　温和型猪瘟
肾表面的大块状灰
白色斑块深入皮质部

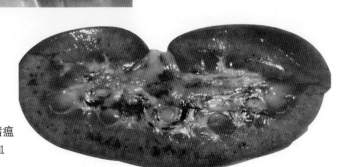

图51　温和型猪瘟
肾皮质部的出血
斑点

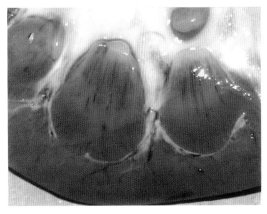

图52 温和型猪瘟
肾乳头上的条状出血

49、图50）、肾乳头点状或索状出血（图51、图52）。这是温和型猪瘟病理剖检变化的特征。

（三）诊断 古典猪瘟可根据临床和病理变化进行初步诊断，温和型猪瘟诊断比较困难，一般要靠实验室进行诊断。

（四）防制 在猪的新病不断增多和古典型猪瘟有所减少的情况下，人们对猪瘟的防制有所放松，应该重新提高对猪瘟危害性的认识。其实猪瘟病对养猪业的危害是相当严重的，特别是温和型猪瘟造成的繁殖障碍给养猪业造成重大损失。

1.采取综合措施 防制猪瘟需要采取综合性措施，但最重要的是做好猪瘟苗的科学免疫接种，包括合理的免疫程序和剂量。免疫程序的关键是排除母源抗体的干扰，确定合适的首免日龄。由于各猪场母猪群的免疫状态和使用的苗不完全相同，因此，仔猪的母源抗体消长规律也不完全相同。为了获得较高的免疫保护率，各猪场应建立免疫监测制度，通过监测抗体，了解母源抗体降低的时间，确定首免日龄，只有这样才能最大限度地降低母源抗体对免疫接种的干扰。门常平等（1982）报道：在配种前免疫接种的母猪所产仔猪血中母源抗体的中和效价，3～5日龄时约为 $1:64～128$，半衰期约10天，仔猪20日龄前可得到母源抗体的保护，25日龄后保护力下降，至40日龄已完全丧失对猪瘟强毒的抵抗力，45日龄前后母源抗体效价已降至 $1:4～8$。仔猪猪瘟苗的首免日龄，最好选定在仔猪具有的母源抗体不会影响疫苗的免疫效果而又能防御病毒感染的期间，即母源抗体 $1:8～64$ 之间。因此，提出25日龄和65日龄两次免疫的建议。此免疫程序已被多数猪场采用。

2.疫苗的免疫剂量 参照国际标准或台湾标准适当提高疫苗的免疫剂量，每头猪的剂量用3～4头份是比较合理的。免疫剂量不足，产生的低水平抗体不能阻止强毒在体内复制和带毒。

妊娠母猪禁用猪瘟弱毒苗免疫接种。

3.猪瘟弱毒疫苗的免疫程序　根据免疫学原理和我国C系猪瘟兔化弱毒苗的特性，作者推荐的猪瘟免疫程序是：

（1）首免　组织苗免疫母猪所生仔猪30～35日龄，用猪瘟弱毒苗2头份，肌肉注射。细胞苗免疫母猪所生仔猪20～25日龄，用猪瘟弱毒苗2头份，肌肉注射。

（2）二免　①60～65日龄，用猪瘟弱毒苗4头份，肌肉注射。②后备猪：配种前2周用猪瘟弱毒苗4头份，肌肉注射。③成年种猪：每年3月和9月除妊娠母猪外，其他种猪用猪瘟弱毒苗4头份，肌肉注射。

特别注意：妊娠母猪禁用猪瘟弱毒苗免疫接种。

三、猪流行性感冒

猪流行性感冒（简称猪流感）是由猪流感病毒引起的急性、热性、高度接触性呼吸道传染病。其特点是突然发病、很快感染全群，呈体温升高、咳嗽等呼吸道症状。一般能自愈，但有猪肺疫等病伴发感染时死亡率升高。

（一）病原　猪流感病毒属A型流感病毒，A型流感病毒可以感染多种不同的动物和人。1918年全世界流感大流行时，估计有2 000万人死亡，同时猪中也流行流感，并成为猪流感的首次报道。猪感染人的H3N2病毒已于1970年被证实；猪源H1N1病毒不仅能传播到禽中并引起火鸡发病，还可以感染人；1989年春，禽流感病毒在黑龙江和吉林两省马中引起了流感流行，造成数万匹马生病，死亡数百匹。

2004年初亚洲十几个国家突然暴发由H5N1病毒引起的高致病性禽流感，在越南、泰国等国家高致病性禽流感还传给人、并致人死亡。候鸟也能发生禽流感，禽流感病毒很容易在农场间互相传播，大量的病毒在禽、鸟的排泄物、污染的灰尘和土壤中，鸟与鸟之间又可由吸入含有病毒微粒的空气传染。禽流感可以通过接触、雨水、禽类粪便等途径在禽类之间、或向其他动物甚至向人传播。流感病毒可以附着在受污染的装备、容器、饲料、鸟笼或是衣物，尤其是鞋子上，使得禽流感在农场间散播。

感染猪的流感病毒具有感染人的能力，猪发生流感能在人－猪之间互相感染。猪是人流感病毒与禽流感病毒基因重组的主要场所。猪在新的流感大流行毒株传给人的过程中起着重要作用。因此，猪流感是重大传染病，在公共卫生中有重要意义，必须引起高度重视。

（二）流行特点　①不同年龄、性别和品种的猪对本病都易感。病猪、带毒猪和患流感的病人、特别是甲3型流感病人是主要传染源。一般通过呼吸道感染；②本病的流行有明显的季节性，多发生在晚秋、冬季和早春，在这些季节里，气候突变时极易发生流行；③本病发生快速、流行面广、发病率高、死亡率低。

（三）临床症状　本病的潜伏期很短，一般几小时，平均为4天。发病突然、常全群发生。体温多在40～42℃之间，厌食或一点都不吃食。呼吸急促，夹杂阵发性、痉挛性咳嗽，鼻和眼有浆性、黏液性分泌物，粪便干硬。无继发感染时，多数猪在1周左右康复，继发肺炎、胸膜炎时，病情加重或死亡。个别病例转为慢性，发生肠炎和大叶性肺炎，长期不愈，慢慢死亡。

（四）病理剖检变化　剖检时多数见到鼻、喉、气管及支气管黏膜充血，表面有泡沫状黏液；肺有紫红色如鲜牛肉状病灶，触之坚实、发硬；颈、纵隔和肺门淋巴结水肿；有时见胃肠卡他性炎症。

（五）诊断　根据流行病学特点、临床症状及剖检变化可作出初步诊断，确诊须作血清学诊断或分离鉴定病毒。

（六）防治　①加强饲养管理，搞好环境卫生，防寒保暖，空气清新；②对病猪用安乃近、复方氨基比林等解热镇痛药和利巴韦林、复方吗啉胍、板蓝根、柴胡等抗病毒药治疗，并选用抗菌素防止继发感染。

第三节　繁殖障碍性疾病

一、猪繁殖和呼吸障碍综合征（PRRS）

猪繁殖和呼吸综合征是由繁殖与呼吸综合征病毒（PRRSV）引起的、以母猪的繁殖障碍和仔猪的呼吸困难及高死亡率为主要特征的病毒性传染病，又称"蓝耳病"。由于该病的流行，使许多国家的养猪业蒙受重大经济损失，是当今造成养猪业损失最大的疫病之一。

（一）流行情况

（1）1987—1988年间欧美各国的猪群中发生了"流产风暴"，当时称"猪神秘病"，到1991年荷兰Wensvoort等分离到病原，1992年国际兽医研讨会把该病正式定为"猪繁殖与呼吸综合征"。1996年初我国郭宝清等人从国内疑似PRRS感染猪群中分离出PRRSV病毒。到目前为止，可以说PRRS几乎遍及世界主要养猪国家之中。猪是惟一感染PRRS并出现临床症状的动物。

（2）蓝耳病多于寒冷季节发病并出现临床症状。其他季节常为隐性感染或表现温和型症状。

（3）蓝耳病通过多种途径感染，其中直接感染、空气传播、呼吸系统感染较为多见，精液和乳汁均可带毒感染，鸟类、特别是鸭子可以隐性带毒，但其本身不发病。

（4）PRRSV感染和接种PRRS弱毒苗后，PRRSV在猪体内能建立起持续性感染，PRRS的持续性感染是流行病学的一个重要特征，这主要表现为PRRSV感染后猪体内病毒的持续存在和污染场的猪只持续感染；新引入的猪只受到感染；感染母猪所生仔猪母源抗体的迅速下降成为易感猪群而造成持续性感染。另外，PRRS弱毒疫苗的使用对PRRS的传播起了一定的作用。PRRSV会感染并杀害猪的巨噬细胞，巨噬细胞是免疫系统中最重要的免疫细胞之一，负责疫苗抗原的加工，故一旦被PRRSV感染破坏，就会造成免疫淋巴细胞的流失，感染猪的免疫功能失调，而无法产生对疫苗的良好免疫应答。

（二）临床表现　蓝耳病感染后由于继发感染的影响，症状常常变得严重而复杂，从而会表现许多不同的临床症状，在不同国家、不同猪场临床表现差别较大，就是在同一个猪场由于感染时间不同、感染的年龄、阶段、用途不同，所表现的临床症状也有所不同。一些文献从临床上将PRRS分为急性型、慢性型、亚临床型和非典型；有的还将急性型又分为初期、高峰期和末期3个阶段，但从作者的观察，PRRS感染母猪、哺乳仔猪、保育-生长猪、种公猪、育肥猪时，其临床症状有共同点，也有明显差异，按不同猪的阶段来表述临床症状，更易懂、更便于记忆、诊断。

1.共同症状　所有猪感染PRRS以后都出现厌食、精神不振和发热，体温达40～41.5℃；体表皮肤发绀、出血。体表皮肤发绀多发生于皮肤远端，如耳、眼、吻突、四肢末端、腹下、阴囊、阴户及臀部等皮肤。皮肤严重发绀呈蓝紫色，出现耳部发绀呈蓝紫色的频度最大，因此，又把

图53 病猪耳、眼周及鼻盘的皮肤严重发绀，出现"三蓝"症状，即：蓝耳、蓝眼圈、蓝鼻盘

PRRS称为"蓝耳病"。皮肤发绀呈蓝紫色是PRRS的初期症状（图53、图54、图55）。体表皮肤出血是PRRS病程发展的一个重要症状阶段，体表皮肤出血一般表现3种情况：①全身皮肤毛孔四周或附近密布针尖状出血点，饲养员和兽医称为"毛孔出血"，这种出血点一直为针尖大，不会扩大，若病情好转，出血点会逐渐消

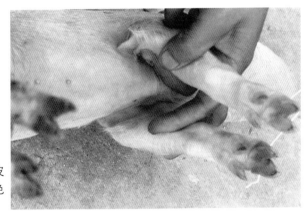

图54 病猪四肢末端皮肤发绀，呈蓝紫色

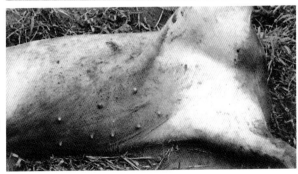

图55 病猪腹下、臀部皮肤严重发绀，呈蓝紫色

失（图56）。②公猪阴囊特有的出血，公猪感染PRRSV后，最常见的症状是阴囊皮肤出血，阴囊皮肤刚开始出血时是密密麻麻的淡血点，远看似淡血斑；随之(中期)越来越明显、越来越严重，变为蓝紫色；再进一步发展（后期）蓝紫色出血灶坏死、干固、硬结，类似蓝紫色球形结痂（图

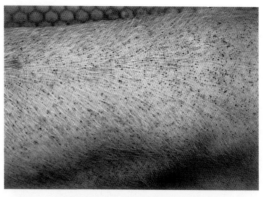

图56　PRRS病猪全身皮肤密布针尖状出血点，又称全身毛孔出血，此种出血点不会扩大，如若病情好转，出血点会逐渐消失

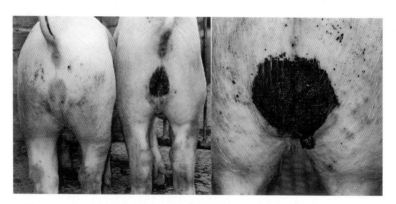

图57　PRRS病猪阴囊出血不同时期的变化

初期（左图）：阴囊皮肤刚开始出血，呈浅红色；

中期（中图）：阴囊皮肤出血变得越来越严重，呈蓝紫色；

后期（右图）：阴囊皮肤出血灶坏死、干固、硬结，类似黑色结痂。

57）。③PRRS病猪全身出现菜籽粒状出血，这种出血随病程的发展逐渐增大到麻粒大乃至绿豆大，最后增至指头大小，边增大边变成蓝紫色，到了指头大就坏死、干固、硬结，最后成为一个个蓝紫色凹陷的斑痕(图58)。

　　2.母猪的症状　妊娠母猪感染PRRSV主要造成晚期流产和早产、产死胎、木乃伊胎、产弱仔和弱子数增多，部分母猪皮肤"毛孔出血"。

　　母猪妊娠早期对PRRS感染有一定的抵抗力，一旦受到感染可使妊

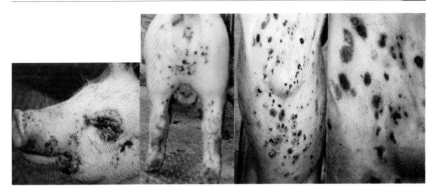

图 58 PRRS 病猪全身皮肤油菜籽粒状出血及其发展变化:
病猪头部(耳、眼、嘴角、鼻)皮肤油菜籽粒状出血点增大变为蓝紫色;
病猪臀部及后肢皮肤油菜籽粒状出血点增大,变为蓝紫色;
病猪腹下皮肤油菜籽粒状出血点发展为麻粒大乃至绿豆大的出血斑,变为蓝紫色,
有的出血点四周出现红印;
出血斑点发展到指头大小,皮肤坏死、干固、硬结,最后成为蓝黑色凹陷的斑痕。

娠率低下或妊娠中止;母猪感染 PRRSV 后,最先出现的症状是厌食,体温升高达 41.5℃ 左右,同时表现呼吸困难、咳、喘,然后就出现流产、早产(妊娠 104～112 天左右)、产死胎、黑仔、木乃伊胎和产弱仔等繁殖障碍症状。少数在妊娠 116～118 天才分娩。发病率平均在 13% 以上(4.1%～22.5%),产黑子、死胎、木乃伊的母猪占分娩母猪数的 50.3%(18.5%～84.1%)。有一个种猪场的母猪发生蓝耳病,分娩母猪 300 头,发生上述繁殖障碍症状的 166 头,占总母猪数的 13.0%,占分娩母猪数的 50.3%。对 138 头繁殖障碍的母猪进行分类统计,流产、早产的 15 头,占 10.9%;产死胎、黑仔、木乃伊胎的 123 头,占 89.1%,死胎、黑仔、木乃伊胎占总产仔数的 67.2%,其中黑仔和木乃伊占总产仔数的 50.2%。另一个养猪场发病前有 5～6 胎 Ly 母猪 216 头产仔,窝均产活仔 9.3 头,死胎、木乃伊胎占总产仔数的 2%。发病期间以上母猪有 31 头产仔,窝均产活仔只有 6.29 头,每窝减少 3.01 头,而死胎、木乃伊胎占总产仔数则上升到 40%,增加 38 个百分点。这充分说明本病的危害性之大。

3.哺乳仔猪的症状 哺乳仔猪发病往往是经胎盘感染后生下的弱仔,这种弱仔多在产后 24 小时内死亡。不论是早产、正产、延期产出的仔猪,3～4 天后就出现毛焦、消瘦、鼻唇干燥。这些猪表现呼吸困难、体温升高、发抖，四肢做游泳状姿势，站立不起，拉稀，无力吸乳，死亡率高。有一养猪专业户饲养长本二元杂母猪15头，2005年7月8日有2头初产母猪产仔，一头母猪产仔期提前7天，总产仔13头，死胎2头，弱仔11头。另一头母猪产仔期提前3天，总产仔13头，死胎1头，弱仔12头。两窝仔猪生下后都不会吮乳、不能站立，有的睡在地上只见脐带波动；有的睡在地上喘气、张口呼吸；有的睡在地上四肢划动、角弓反张。多数仔猪生下后5分钟内死亡，少数能活3个小时，只有1头活了6个小时，最后全部死亡。两头母猪中有一头皮然毛孔出血。

4.保育-生长猪的症状 这个阶段感染PRRSV以后，常突然出现厌食，体温升高达40.0～41.5℃，眼眶浮肿、发绀呈蓝紫色，吻突发绀呈蓝紫色，耳发绀呈蓝紫色的三蓝现象（图53）。皮肤毛孔出血或坏死、干固。公猪阴囊、母猪阴户也常发绀。还有少数患猪出现贫血、黄疸症状。这一阶段的猪很少出现呼吸困难，经解热和抗病毒治疗，临床症状可以消失，虽增重放慢但也增重，部分病猪症状消失后，过一段时间也会出现反复，无继发感染症状者死亡率很低。

5.成年公猪的症状 PRRS感染成年公猪一般不出现临床症状，只有在种公猪频繁配种、体质消瘦和有其他继发感染时才会出现厌食、体温升高或阴囊出血发绀、性欲下降、精子数量减少及活力下降等情况。

6.带毒感染问题 成年公猪感染PRRS后虽一般不表现临床症状，但从感染后1～4天就向外排毒，由于公猪的品种不同，向外排毒的时间也不同。有报道说：约克夏公猪的散毒时间短，一般为3～12天；长白公猪的散毒时间长达24～78天。在怀孕的中后期母猪感染PRRS后，可向外排毒感染其他猪，也可通过胎盘垂直感染，造成流产、早产、死胎、木乃伊胎和产下带毒的弱仔。

要特别注意的是：PRRS弱毒疫苗接种健康猪后，能向外散毒，种公猪可通过精液散毒，妊娠母猪可垂直感染和向外排毒感染仔猪。

（三）病理变化 感染PRRSV发生流产、早产的母猪以胎盘大块状出血，胎膜上常有黑红色血泡为主要变化，血泡触之有硬感，切开鲜红色血泡，内为浓稠的血液，黑红色血泡内为糊状的黑红色血（图59、图60）。PRRS母猪产出的死胎多发生腐败自溶，胎膜上也常有黑红血泡（图61）。在2003年的时候，有一个猪场的母猪大量流产、早产、产死胎，部分胎儿的胎膜上出现上述变化，进行布氏杆菌病血清学检查和病原分离，

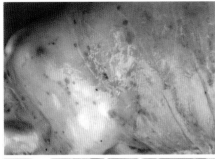

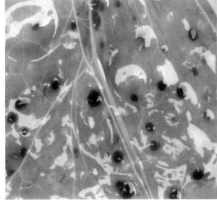

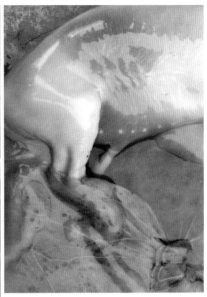

图59 PRRS母猪发生流产，胎膜上呈现圆点状鲜红色或暗红色血疱

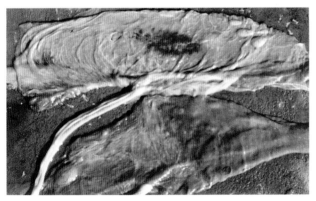

图60 流产胎儿胎盘上的出血斑

诊断为布氏杆菌病。后来这个场又发生蓝耳病（华中农业大学血清学诊断），大量死胎的胎膜上又出现上述变化，布氏杆菌病诊断则为阴性。为此，又把2003年发生布氏杆菌病时保留下来的血清重做蓝耳病检查，才最后搞清那次疫情是布氏杆菌病和蓝耳病混合感染，当时还没有注意到蓝耳病，让它漏网了。胎膜上的黑红血泡应该是蓝耳病的病理变化，不是布氏杆菌病的病理变化。

图61 PRRS母猪产出的死胎多发生腐败、自溶，胎膜上有黑红色血疱

PRRS 母猪产出的死胎多发生腐败自溶，胎膜上常有黑红血泡。流产胎儿、死胎或母猪死后剖出的胎儿病理变化有 3 个共同点：①皮下广泛性出血并发生红色胶样变；②心脏冠状沟、纵沟周围出血，红色胶样变；③肾皮质部出血（图62）。弱仔或仔猪患 PRRS 死亡后，多见眼四周水肿，肺变为灰白色、间有红色斑块、不塌陷，称"花斑肺"（图63、图

64）；肾表面有灰白色坏死灶或针尖大出血点，部分肾间质扩大。

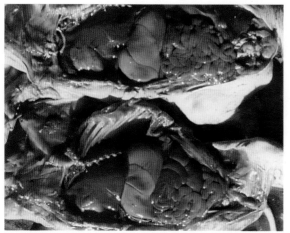

图62 PRRS母猪流产的胎儿或产出的死胎剖检变化：全身皮下出血并发生红色胶样变，心外膜出血及胶样变

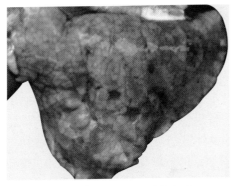

图63 PRRS感染初生仔猪的花斑肺

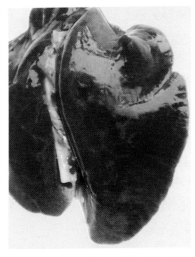

图64 PRRS感染死胎的"花斑肺"

（四）诊断 诊断PRRS要特别留意生殖障碍性病史，在一个猪场中若出现下面4种情况，即可疑似为PRRS感染：①母猪发生繁殖障碍、流产、早产、产死胎、木乃伊胎、弱仔；②保育-生长猪出现厌食，体温升高达40~41℃，呼吸困难，耳、阴囊、阴户出血、发绀，皮肤毛孔出血或菜子粒状出血及发展变化；③哺乳仔猪患病死亡率高；④胎盘大块状出血、胎膜上有血泡，死胎皮下广泛出血并有红色胶样变；病死猪有间质肺炎、肺肿胀、不塌陷、表面有红褐色斑。要确诊可做血清学检验。

（五）防治

1.预防

（1）免疫接种 目前，预防和控制PRRS的主要措施是对猪群免疫接种，市场销售的疫苗有灭活苗和弱毒苗两种。到底使用哪种苗，在学术上还处于百家争鸣之中，一般认为弱毒活疫苗比灭活苗免疫效力好，但弱毒能从免疫猪传播给非免疫猪、能通过胎盘垂直感染、能通过精液排毒等是争论的焦点。

从实践的结果看，当猪场发生PRRS以后，应用PRRS弱毒活疫苗紧急免疫注射，在短时间内病猪会有明显好转，在1年内免疫接种3次，疫情能控制住。

免疫程序是：种公猪用灭活苗接种2次，第一次接种后，间隔20天，用同样疫苗、同样剂量再免一次；其他的猪用弱毒活疫苗接种，其中，妊娠70天以上的母猪暂不接种，待分娩仔猪断奶后再接种。仔猪做常规免疫，3周龄和10周龄各免一次。

（2）人工自然感染产生免疫力　人工自然感染产生免疫力是让健康猪自然接触病猪的粪便、死胎、木乃伊胎、弱仔的内脏等，使猪体产生免疫力，抵抗PRRSV的发生。这个方法除PRRS外还适用于细小病毒病、猪断奶后多系统衰弱综合征、传染性胃肠炎、轮状病毒等肠病毒感染以及大肠杆菌感染所致的猪病。具体做法是：每10头后备母猪或新母猪用一个死胎或一个弱仔的内脏打浆，加适量冷水，拌料喂猪；收集分娩当天所有木乃伊和胎盘置于后备母猪或新母猪栏中，让其自然感染；从繁殖母猪群中，每天收集粪便，加水拌料喂猪，每头后备母猪或新母猪每次用粪100～200克，加冷水500毫升，充分混合，拌料喂，配种前1月喂2次，每次连喂1周。

2.治疗　在免疫接种的同时，加强消毒，对病猪进行抗病毒和提高免疫力的治疗还是有希望的。①利巴韦林第一次量为每10千克体重15毫克肌肉注射，第二、第三次每10千克体重10毫克，每日1次，连用3次。也可按此量加入500毫升5%的糖盐水中，静脉注射。②复方黄芪多糖注射液（含黄芪多糖、甲磺酸培氟沙星、利巴韦林、安乃近），静脉或肌肉注射。

二、猪伪狂犬病

猪伪狂犬病是由伪狂犬病病毒（Swine Pseudorabies Virus）引起的多种家畜及野生动物共患的一种急性传染病。该病引起妊娠母猪发生流产、产死胎、木乃伊胎；仔猪感染出现神经症状、麻痹、衰竭死亡，15日龄以内仔猪感染，死亡率可高达100%。除猪以外的其他动物感染发病后，通常具有发热、奇痒及脑脊髓炎等症状，均为致死性感染，常呈散发。

（一）流行病学　所有哺乳类家畜对伪狂犬病都易感，猫高度易感；绵羊敏感性高，在畜群中能重新激活隐性感染动物；犬中度易感；啮齿类动物在传播伪狂犬病中起重要作用。未获得免疫力而第一次感染爆发伪狂犬病的猪群，会带来灾难性的后果。可以在1周内传染至全群，仔猪有90%以上的感染、死亡；老年猪出现呼吸道感染症状；妊娠母猪流产。病毒可经胎盘、阴道黏液、精液和乳汁传播。

伪狂犬病毒抵抗力相对差，在潮湿、pH6～8的环境中该病毒最稳定；在4～37℃、pH4.3～9.7时，经1～7天病毒失去活力。病毒对干燥、尤其是阳光直射具有很高的敏感性。

（二）临床症状 伪狂犬病的症状取决于被感染猪的年龄，年龄不同症状也不一样。妊娠母猪感染伪狂犬病主要表现流产，产死胎、木乃伊胎，其中以产死胎为主。

流产：统计33例伪狂犬病流产母猪的胎次，1～7胎都有流产，其中头胎母猪8头、2胎母猪4头、3胎母猪6头、4胎母猪7头、5胎母猪4头、6胎母猪3头、7胎母猪1头。流产时的胎龄，上述33例流产母猪流产时的胎龄，附植前、胚期和胎期都有流产，但多数发生在胎期，36天以后流产的20头，占91%；附植前（18天以前）流产的2头；胚期只流产1头，这两个时期共流产3头，只占9%。值得注意的是，在胚期中，妊娠60天以上、胎儿形成了自己的免疫能力，已能抵抗轻度感染还发生流产18头，占54%。流产的胎儿无论大小都很新鲜，胎膜呈灰白色坏死、坏死层逐渐脱落，使胎膜变得很薄，呈现明显的胎盘炎（图65）；胎儿表面常见出血斑点（图66）；母猪一般无异常表现，体温、食欲正常。另一明显症状是产死胎，一

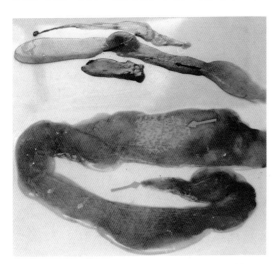

图65 病猪流产的胎膜上出现灰白色坏死灶

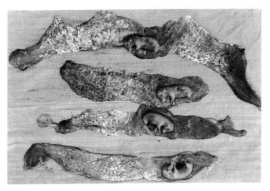

图66 病猪流产的胎衣绒毛膜变性坏死，呈灰白色筛眼状，胎儿体表多处出血

头母猪可以产下不同时期的死胎（图67）。少数产木乃伊胎，如果所产的木乃伊胎大小都有，小的、长度小于17厘米，大的、长度大于17厘米以上，全窝都是木乃伊胎，那就在很大程度上与伪狂犬病有关（图68）。细小病毒感染所产木乃伊胎长度都小于17厘米，这是细小病毒感染和伪狂犬病毒感染的鉴别点。

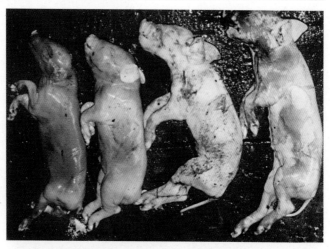

图67　患病母猪产下的死胎

图68　伪狂犬病母猪产下全窝木乃伊胎

　　新生仔猪发病，多见于生下第2天开始发病，3～5天内是死亡高峰期，19日龄内仔猪感染后病情较严重，常常死亡。猪龄越小，感染后死亡率越高。病仔猪常表现明显的神经症状、昏睡、鸣叫、呕吐、拉稀。患猪一般无瘙痒症状，偶尔个别病猪出现瘙痒。神经症状是本病的特点，开始常见的兴奋状态是盲目走动、步态失调、继之突然倒地，反复痉挛，口吐白沫（图69），四肢划动，有的角弓反张，有的站立不稳，有的呈游泳姿势，有的因后躯麻痹呈犬坐式或匍匐前进，还有的四肢麻痹呈劈叉姿势，还有的患猪行走时呈兔子般跳跃（图70、图71、图72、图73、图74），曾发现一头伪狂犬病血清学（乳胶凝集试验、下同）阳性母猪，产仔12头，不同时期的死胎5头，木乃伊胎2头，5头活仔14日龄先后发病，表现呕

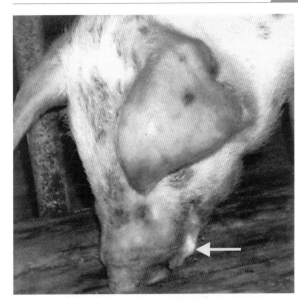

图69 患病仔猪口
吐白沫

图70 患病仔猪倒地翻转

图71 患病仔猪抽搐

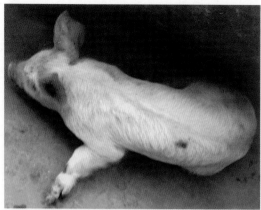

图72　患病仔猪四肢麻痹,
　　　呈左劈叉姿势

吐、转圈、共济失调、倒地呈游泳状、角弓反张等症,体温41.0℃,采集血清,进行伪狂犬病血清学检查为阳性。

断奶以后的仔猪发病症状较轻,常表现厌食、高热、喷嚏、咳嗽、呼吸困难等呼吸道病状,偶尔也出现振颤和共济失调等神经症状,还会发生呕吐和拉稀,死亡率在10%～20%左右。

公猪患病主要表现睾丸炎。

图73　患病仔猪前肢僵直

(三)病理剖检变化

伪狂犬病的病理剖检变化主要见于非化脓性脑炎,脑充血、出血(图75)、水肿;肝、淋巴结、扁桃体、脾、肾和心脏上,出现1～2毫米大小的黄白色坏死点;肺充血、水肿,上呼吸道常见卡他性和出血性炎症,

图74　患病仔猪行走时,呈兔子样跳跃

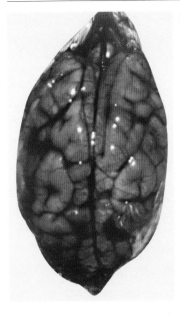

图75 患病死亡仔猪脑膜
充血出血

气管和支气管内有白色泡沫状液体；胃肠黏膜常见卡他性、出血性炎症；流产母猪胎盘呈坏死性胎盘炎，胎儿表面有出血斑点。

（四）诊断 临床上母猪发生流产等繁殖障碍和仔猪发生神经症状的疫病有多种，因此，根据临床症状等来诊断仔猪伪狂犬病比较困难。出现疑似病例时诊断方法可以选择下面一种：

（1）采集血清做 ELISA 试验 本试验可区分出野毒和基因弱毒苗；

（2）用家兔接种试验 方法是无菌采集患猪脑、脾制成1∶9生理盐水混悬液，加青霉素500万单位、链霉素1 000单位，置4～8℃冰箱过夜，离心沉淀，用上清液1.0毫升皮下接种健康家兔，2～3日后引起局部奇痒、舔咬、脱毛、呼吸困难、流涎、四肢麻痹、角弓反张等神经症状可做出诊断。

（五）防制 ①本病无特效疗法，应以预防为主。不从有该病的猪场引种；引种时应严格检疫、隔离观察，防止引入病原；②对疫区和受危胁区的猪场用伪狂犬病基因缺失苗预防接种，母猪配种前和产前1个月各免疫一次，仔猪8周龄时免疫。

该病发生时，立即用猪伪狂犬病弱毒苗做紧急预防接种，以期快速建立猪群的免疫保护，并采用消毒、灭鼠等综合措施，尽快控制疫情。在疫情稳定后，再用基因缺失苗免疫母猪。

三、猪细小病毒病

猪细小病毒病是由猪细小病毒（Porcine Patvovirus）引起猪繁殖障碍的一种疫病。该病主要危害头胎母猪，造成流产、产死胎等现象，母猪一般无临床症状。

（一）流行病学 猪细小病毒病在全世界的猪群内都有流行，严重的地方在成年母猪中90%以上都是血清学阳性。传染源主要是带毒母猪和种公猪，感染母猪经阴道分泌物、粪便及其他分泌物排毒，急性感染期猪的分泌物和排出物中其病毒的感染力可保持几个月，所以，病猪污染过的猪舍，若消毒不彻底，在空舍4～5个月后仍可感染健康猪。病毒通过胎盘传染给胎儿，胎儿、死胎带毒，垂直感染的仔猪至少可带毒9周以上，某些具有免疫耐受的仔猪，可能终身带毒；带毒公猪精液含毒，通过精液传播病原。本病一般通过口、鼻和交配感染。本病的发生无季节性，有时呈地方性流行，本病多发于初产母猪，在猪群中同一时期有多头母猪发病，特别是头胎母猪群初次感染时，可呈急性爆发，造成相当数量的头胎母猪流产、产死胎等现象。母猪首次感染后可获得坚强的免疫力。猪在感染后3～7日开始经粪便排毒，1周以后可测出血凝抗体，21日内抗体滴度可达1∶15 000，且能持续数年。

（二）临床症状　猪感染细小病毒的主要表现、通常也是惟一的临床表现就是母猪繁殖障碍，其特征是感染母猪，特别是初产母猪产出死胎、木乃伊胎、畸形胎、弱仔，以木乃伊胎为主，偶有流产（图76），而母猪本身通常无临床症状表现。母猪在不同的妊娠期受到感染，临床表现也不同。在妊娠早期感染时，胚胎、胎儿死亡，死亡胚胎被母体迅速吸收，母猪有可能再度发情；在妊娠30～70天感染，胎儿死亡，胎儿死亡后胎水被吸收，母猪腹围逐渐缩小，出现假妊娠，形成木乃伊胎，形成的木乃伊只有17厘米以下，产出的是黑色

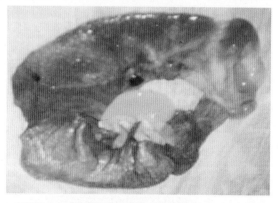

图76　患病母猪流出胎衣包裹着的胎儿

枯样木乃伊，（图77）；妊娠70天以后感染，胎儿多为弱子，也能正常产出，但产出的仔猪带毒，有的甚至终身带毒而成为重要的传染源。此外，本病还可引起母猪发情不正常、久配不孕。公猪受感染，一般情况下性欲和精子无明显异常。

（三）病理剖检变化　病理剖检时肉眼可见变化主要是：母猪子宫

图77 患病母猪产出的死胎和木乃伊胎，6个木乃伊胎都在17厘米以下

内膜有轻度炎症，胎盘部分钙化，胎儿在子宫内有被溶解吸收的现象。受感染的胎儿表现不同程度的发育障碍和生长不良，有时胎重减轻、胎体变小，有时出现溶解、腐败过程中的黑仔、木乃伊胎、畸形胎、死胎。胎儿可见出血、水肿、体腔积液等变化。

（四）诊断 由于本病的主要临床症状是繁殖障碍，能引起母猪繁殖障碍的病又比较多，因此，临床确诊比较困难，在母猪群中出现以下4个方面的临床症状可疑为细小病毒感染：①母猪、特别是头胎母猪配种30天以内反情率高；②反情母猪发情周期不规则；③母猪的窝产仔数少；④母猪产仔时木乃伊胎多。

细小病毒多感染70日以下的胎儿，所产木乃伊胎长度都小于17厘米，这是细小病毒感染和其他繁殖障碍性疫病感染的木乃伊胎鉴别点。

最终确诊要靠实验室检验。血清学诊断一般采木乃伊胎、死胎组织浸出液和初生仔猪的心血，快速检验方法以乳胶凝集试验准确、方便。

（五）防制

（1）目前，对本病没有有效治疗方法，预防是防制本病最根本的措施。首先采用自繁自养，严防本病带入猪场，对引进猪必须隔离40天，两次血清学检验为阴性才能并群饲养。

（2）禁用带毒公猪配种，一旦有发病猪坚决淘汰，用血清学方法普查猪群，淘汰阳性猪，做彻底消毒。

（3）疫苗免疫程序 后备母猪配种前30天内进行两次免疫，以后每6个月免疫一次；公猪半年免疫一次。

（4）人工自然感染产生免疫力。见本书蓝耳病的防治。

（5）在本病流行区，将母猪配种时间延长到9月龄后，让大多数母猪建立主动免疫，若要早于9月龄配种，可进行抗体监测，当猪群具有高滴度的主动免疫抗体时才能进行配种。

四、流行性乙型脑炎

猪流行性乙型脑炎简称乙脑，又称日本乙型脑炎。是由日本乙型脑炎病毒引起的以怀孕母猪流产、产死胎，公猪睾丸肿大和少数猪表现神经症状的一种人畜共患病。

（一）流行特点　猪乙型脑炎以蚊子为媒介而传播，因此，发病有严格的季节性，每年蚊蝇出现以后开始发病，6～9月发病最多。各种品种、年龄、性别的猪都易感，但以6月龄左右猪发病较多，尤其是秋季选留、春季配种的母猪常被感染而发生流产、产死胎；种公猪发生睾丸炎。本病除感染猪外，还可感染人及马、牛、羊和禽类。

（二）临床症状　本病人工感染的潜伏期为3～4天。病猪体温升高、稽留，精神萎靡、喜睡、食欲减少，粪便干、呈球状、表面常附有灰白色黏液，小便黄。少数病猪后肢麻痹、步态跟跄；有的关节肿胀，表现疼痛、跛行；有的视力障碍，摆头，乱冲撞，最后肢体麻痹、倒地不起而死亡。

公猪高热后常发生一侧性睾丸肿大，也有两侧都肿大的。患病猪睾丸阴囊皱襞消失、发亮、有热痛感，几天后肿胀稍退，而睾丸萎缩或变小、变硬，性欲减退，精液品质下降（图78、图79、图80）。

妊娠母猪流产或分娩时超过预产期数天。同一窝仔猪差别很大，有发育正常的；有弱仔；有的产出不久即死；有的胎儿大而脑水肿死亡；有的呈木乃伊胎；也有的呈畸形胎；还有些妊娠

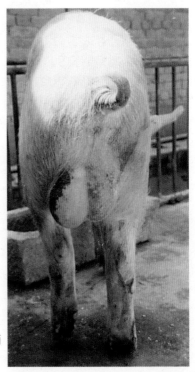

图78　患病公猪左侧睾丸肿大，阴囊出血、皱襞消失、发亮、有热感

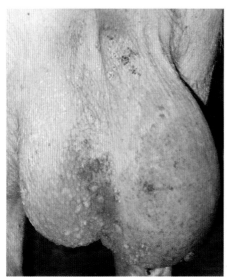

图79 患病公猪右侧睾丸肿大、下坠

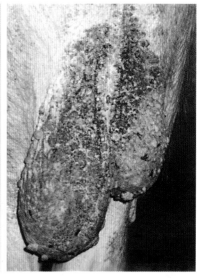

图80 患病公猪睾丸萎缩、发硬，性欲减退

图81 患病母猪产出死胎及木乃伊胎

母猪整窝仔猪都木乃伊化，长期滞留在子宫内，或是排出木乃伊胎而胎衣滞留（图81），造成子宫内膜炎，最后导致繁殖障碍。

（三）**病理剖检变化** 流产胎儿皮下水肿或红色胶样浸润，脑积水、脑膜充血、切面可见灰质和白质中的血管高度充血、水肿。母猪子宫内膜明显充血，黏膜有出血，胎盘水肿或出血。公猪睾丸实质充血、出血，有小坏死灶；硬化、缩小的睾丸实质结缔组织化，常与阴囊粘连。

（四）**诊断** 根据流行特点、临床症状及剖检变化疑似乙型脑炎时，可做血清学诊断。应用红细胞凝集抑制试验、双份血清检查法，即在猪发病初期和发病后2～4周内采取双份血清，测定抗体。如果病后2～4周内的血清抗体效价比病初的增高4倍以上，即可诊断为本病。

（五）防治　对6月龄以上的后备公母猪，在蚊蝇到来前1～2个月（约4～5月份）用乙型脑炎弱毒疫苗免疫接种一次。对流产的死胎、木乃伊胎、胎盘等深埋，污染场地、厩舍认真消毒。

本病无特效疗法，主要是对症治疗，促进康复。原则是选择抗病毒药物治疗；强心利尿，调整大脑机能。例如：肌肉注射利巴韦林、黄芪多糖，静脉注射高渗葡萄糖液、樟脑制剂和40%乌洛托品50毫升或10%水合氯醛5～10毫升。

五、猪布氏杆菌病

猪布氏杆菌病是由布鲁氏菌(Brucella)引起的人畜共患的一种慢性传染病（简称布病）。其特征是妊娠母猪发生流产，公猪发生睾丸炎。

（一）病原　布鲁氏菌有6个种，即羊种布鲁氏菌、牛种布鲁氏菌、猪种布鲁氏菌、犬种布鲁氏菌、绵羊附睾种布鲁氏菌和沙林鼠种布鲁氏菌。其中，以羊种、牛种和猪种布鲁氏菌对人的危害较大。猪布鲁氏菌主要宿主是猪，对其他动物和人也有易感性。布鲁氏菌是革兰氏阴性小杆菌，不形成芽孢，菌落湿润、无色、圆形、闪光、表面隆起、边缘整齐的小菌落（图82），对外界环境有较强的抵抗力，但常用的消毒药都能在短时间内杀死它。

（二）流行特点　本病呈地方性流行，以南方省份发病较多，无季节性。猪对本病的易感性随着年龄的增长而增高。病猪和带菌

图82　猪布氏杆菌菌落

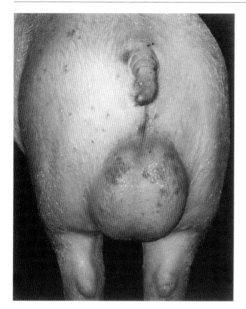

图83 患病公猪，6月龄，睾丸肿大，附睾处水肿液波动。阴囊斑点状出血

猪是主要传染源，母猪流产胎儿、胎衣和羊水等含有大量布鲁氏菌，污染厩舍和周围环境。本病的传播途径主要是通过消化道及受损皮肤和黏膜感染。人可因接触病猪，如接产、助产、冲洗子宫等而感染。

（三）临床症状 猪的临床症状主要是妊娠母猪流产和公猪睾丸炎（图83）。母猪流产多发于妊娠的4～12周，流产胎儿多为死胎，有的还出现木乃伊胎和畸形胎；胎衣停滞、化脓性阴道炎、子宫内膜炎。流产后1周内阴道流出红色黏液样分泌物。正常分娩或早产时，会产下弱子，也常有死胎和木乃伊胎（图84）。患病公猪常出现一侧性睾丸肿大（少数两个睾丸都肿大）、硬固、后期睾丸萎缩（图85）。病猪还可出现慢性关节炎。

图84 患病母猪产出水肿胎儿和木乃伊胎

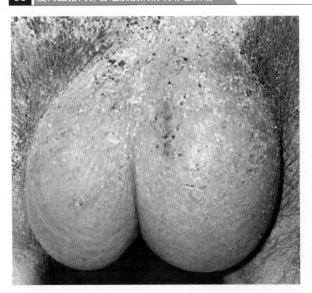

图85 患病公猪睾丸肿大，右侧睾丸更明显

（四）病理剖检变化 布病特征性的剖检变化是化脓性子宫黏膜和胎膜炎，患病母猪子宫黏膜和胎膜上出现弥漫性、粟粒大、灰白色结节（图86）；胎膜变薄、上面散布菜籽粒至绿豆大小的灰白色圆形硬颗粒，好似胎膜上镶着无数"珍珠"，可称为"珍珠胎衣"，强行挤压"珍珠"可挤出黄白色干固的脓汁（图87、图88、图89）。公猪睾丸肿大，

图86 患病母猪发生化脓性子宫内膜炎，子宫内膜上弥散灰白色粟粒大坏死灶

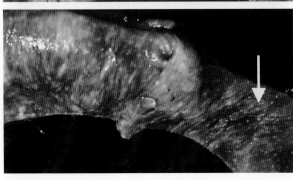

图87 患病母猪胎盘上弥散灰白色粟粒大化脓灶

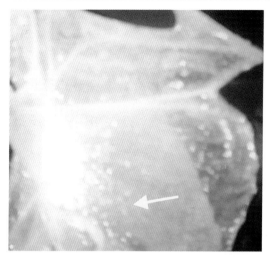

图88 病猪胎膜变薄，弥散菜籽粒大灰白色坏死灶

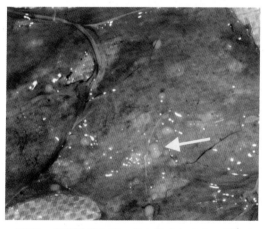

图89 病猪胎膜变薄，其上散在灰白色、绿豆大近圆形硬颗粒，其中可挤出干固脓汁

切面常有豌豆大小的化脓、坏死灶。

（五）诊断 母猪发生流产，剖检见到化脓性、结节性子宫内膜炎和"珍珠胎衣"时，可疑似布病，再采集血清、用布病虎红平板凝集试验检查，如有阳性者，可诊断为布病，必要时再做细菌分离鉴定。

（六）防制 在猪群中检出布病时，立即淘汰阳性猪。对后备公、母猪及种猪用布鲁氏菌活疫苗（猪二号）进行口服免疫，每头猪口服200亿活菌，可拌入饲料中喂，一年连服两次、第一次和第二次间隔1个月。连续使用3～4年，待全场母猪不再流产，用虎红平板凝集试验检疫，6个月内检两次，如果两次均为阴性，即可认为该病已净化。特别注意：口服布鲁氏菌活疫苗（猪二号）时，服苗前、后3日内不能应用抗菌素和磺胺类药，还必须严格执行疫苗使用说明书注意事项。

六、猪钩端螺旋体病

猪钩端螺旋体病是由致病性钩端螺旋体（简称钩体）引起的一种人畜共患传染病。猪感染钩体后，大多数呈隐性感染，少数感染猪呈急性经过，出现发热、贫血、血红蛋白尿、黄疸等症状。母猪患病可发生流产、产死胎、木乃伊胎、弱仔。

（一）病原　钩体呈细长丝状，具有紧密而规则的螺旋，菌体两端弯曲呈钩状，用姬姆萨染色呈淡红色。有17个血清群，170个以上血清型，猪的病原主要是波摩那型。钩体在潮湿、弱碱性的条件下，生存时间最长；在水田、池塘、沼泽及淤泥中可以生存数月或更长。一般常用消毒药均易将其杀死。

（二）流行特点　本病多在南方发病，夏秋季节呈散发或地方性流行。可发生于各种年龄的猪，但以幼猪发病较多。病猪和鼠类是主要传染源，主要通过损伤的皮肤、黏膜和消化道感染。猪钩体可以传染人，犬型钩体对人更易感。

（三）临床症状

1. 急性黄疸型　多发生于中、大猪，表现体温升高，厌食，皮肤干燥，1～2日内可视黏膜和皮肤发黄（图90），尿呈茶褐色或血尿，病死率高。母猪患病可发生流产、产死胎、木乃伊胎、弱仔。

2. 亚急性、慢性型　多发于断奶前后的仔猪，病初体温升高，眼结膜潮红、苍白、发黄，眼睑浮肿；皮肤发红、瘙痒、有的轻度发黄；有的

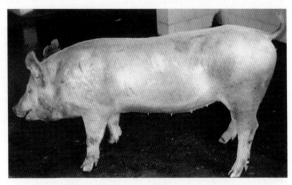

图90　急性钩体病猪，体温升高，皮肤发黄

头、颈部出现水肿，俗称"大头瘟"，甚至全身水肿；尿呈黄色或茶色，甚至血尿。病程10多天至1个月以上。病死率50%～90%。

（四）病理剖检变化　大多数病例的皮下组织、浆膜、黏膜有不同程度的黄疸；心内膜、肠系膜出血，膀胱内积有浓茶样胆色素尿，黏膜有出血；胸腔、心包积液；肝、肾肿大，肝呈棕黄色（图91）。水肿型病例头、颈及胃黏膜水肿。

（五）诊断　疑似本病时可采集血或尿液，离心集菌，用暗视野镜检，钩体细长弯曲、可做旋转式运动。亦可涂片，用改良镀银法染色、镜

图91 急性钩体病猪，肝呈棕黄色

检。血清学检查常用乳胶凝集试验、酶联免疫吸附试验。

（六）防治 ①预防本病必须灭鼠、搞好厩舍卫生、消毒（用漂白粉、石灰）等综合性措施；②常发病地区用钩体多价苗免疫接种，每年1次；③发现病猪要即时隔离治疗或淘汰，并对厩舍、污染场地严格消毒。对可疑猪群投服土霉素，每吨饲料加入土霉素750～1 500克，连喂7天；④治疗病猪可用链霉素、青霉素，3～5天一个疗程，补液、强心、加用维生素C等对症治疗。

七、母猪泌尿生殖道感染

母猪泌尿生殖道感染，是由存在于母猪尿道后段和阴道的一些内源性或条件性致病菌逆行性感染，引起的一种非特异性膀胱炎-肾盂肾炎复合征、或泌尿道-生殖道复合征。临床表现血尿、恶露、发情紊乱、流产、死胎等。

（一）病原 存在于母猪尿道后段和阴道的一些内源性或条件性致病菌有猪化脓性放线菌、肾棒状杆菌、大肠杆菌、沙门氏菌、链球菌、葡萄球菌等。2001年10月19日至11月30日的43天内，一个猪场母猪泌尿生殖道感染病例有57头，经病原分离证实，病原是猪化脓性放线菌和沙门氏菌，并在血尿中查出生物毒素。

（二）发病情况 母猪泌尿生殖道感染是集约化养猪场的四大顽症之一，危害很大，发病严重的猪场，发病率可达4.9%，致死率为22.8%。

本病传播的主要途径有：母猪外阴接触粪便、污物感染；公猪包皮腔带菌交配感染；人工授精消毒不严感染；胎死子宫中腐败感染。在上述57头病猪中，有52头资料完整，经统计，处女猪未见发病；初配后就出现症状的猪21头，占52头病猪的40.4%；一胎（含孕期至产后配种，下同）猪9头，占17.3%；二胎猪7头，占13.5%；三胎猪和四胎各

4头，占7.7%；五胎猪6头，占11.5%；六胎猪1头，占1.9%。上述数据至少说明两个问题：①母猪泌尿生殖道感由带菌公猪交配感染；②随着胎次的增多母猪就具有一定的免疫力。猪群中互相撕咬、交配引起外阴撕裂或分娩、难产助产引起产道创伤等都可为病原菌感染创造条件。泌尿生殖道感染的发生率与畜舍环境卫生有直接关系。

（三）临床症状　后备猪配种后最早的在第10天就表现泌尿生殖道感染症状，多数病猪出现的最早症状是血尿，此时体温一般在39.5～40.5℃之间；血尿后随之而来的是阴道内流出白色糊状或豆腐渣样物，有的带有血丝；有的病猪是先流脓汁，后出现血尿或血尿中带脓；怀孕的病猪常常造成流产、产死胎或难产。病情严重时，病猪消瘦，毛焦枯燥，腰背凸出，后肢软弱无力，阴道内频频流出脓液，不食，精神极差，有的后躯瘫痪，最后不能站立而长期卧地，肾衰，体温下降而死亡；还有少数怀孕病猪由于胎儿死亡、腐败、吸收，自体中毒，高烧死亡；也有的难产、子宫破裂而死亡。外阴内流出异常分泌物（恶露），阴道和子宫内膜感染发炎时，分泌物多为豆腐渣样的、灰绿色的、污红腥臭的；尿道感染表现频频排尿、排血尿，甚至尿中带脓。

母猪产后4天以后阴道内还流恶露，就预示着阴道和子宫内膜感染发炎。

多数病猪呈慢性经过，最长的病程达2年。病猪屡配不孕。

归纳起来，尿道感染时表现频频排尿、排血尿甚至脓尿。阴道、子宫感染时，常发生流灰绿色或污红腥臭恶露。

（四）病理剖检变化　剖检时，如果是膀胱炎-肾盂肾炎复合征的病猪，主要变化是膀胱发生卡他性、出血性、化脓性或坏死性炎症（图92、图93、图94）；肾脏多发生单侧或双侧性肾盂肾炎、肾乳头、肾盂出血、坏死或有糜烂和脓性物，当炎症波及肾髓质部和皮质部时，可引起肾变形、变软，有的肾脏有弥漫性

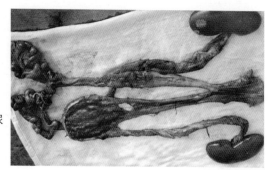

图92　病猪肾脓肿；输尿管、尿道黏膜出血、糜烂、坏死；阴道炎和子宫内膜炎

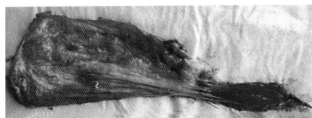

图93 膀胱炎病猪膀
胱、尿道口黏
膜出血、坏
死、糜烂

图94 化脓性膀胱炎，病猪膀胱黏膜
出血、坏死、积脓

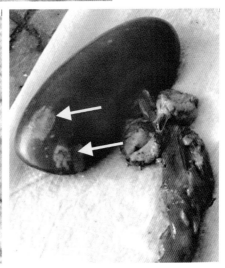

图95 病猪肾脓肿，肾门淋巴肿大、坏死，
输尿管肿大、糜烂、坏死

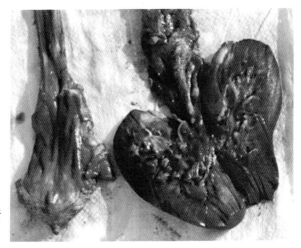

图96 病猪化脓性肾
炎、阴道炎

图97 病猪肾盂肾炎，肾
　　　乳头出血，肾盂扩
　　　张，结缔组织增
　　　生，肾乳头萎缩

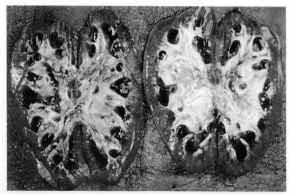

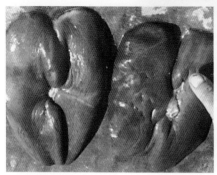

图98 病猪肾变软

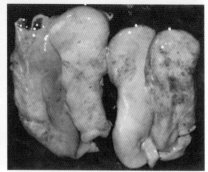

图99 病猪肾软化如泥

图100 化脓性子宫炎。病猪
　　　子宫扩张、充盈、淤
　　　血，腔内积有25千克
　　　的黄白色污浊液体

或散在性坏死灶（图95、图96、图97、图98）。化脓性病灶可深入皮质和髓质（图99）。发生泌尿生殖道复合感染时，常见子宫内膜炎、阴道炎、膀胱炎、肾盂肾炎、肾脓肿或慢性肾炎、子宫脓肿、子宫积液或积脓（图100）。

（五）防治　病猪时常尿血、排恶露、排脓，污染栏舍，其中含有不少病原菌，因此，要做好厩舍清洁卫生和消毒。由于交配是主要感染途径，因此，预防的根本办法是搞人工授精，如果本交，要注意公猪外生殖器的清洁卫生。对于母猪泌尿生殖道感染严重的猪场，可采取母猪分娩后胎衣排完时即在子宫内塞入一粒达力郎，可以有效预防母猪泌尿生殖道感染的发生。

治疗原则是：早发现、早治疗（晚期治疗效果不佳），抗菌消炎，利尿解毒，清宫排污。常用药物如下：

（1）一般治疗　氨苄青霉素 0.5 克 × 4（或用阿莫西林、阿莫仙）、10% 葡萄糖溶液 250 毫升，以上两药为第一组；10% 葡萄糖溶液 250 毫升、维生素 B_1 10 毫升、维生素 C 10 毫升 × 2、10% 安那咖 5 毫升，以上 4 种药为第二组，静脉滴注，先注第一组，滴完时换第二组。

（2）有全身感染症状的　可用：先锋霉素 4 号 4 克、地塞米松 25 毫克、5% 葡萄糖生理盐水 500 毫升，静脉滴注。

（3）使用 10% 洁尔阴或 0.1 高锰酸钾清宫　清宫后可用青霉素 400 万单位、链霉素 200 万单位、蒸馏水 100 毫升，子宫内灌注，第二天再肌注缩宫素 30 单位 ＋ 青霉素 400 万单位，使其排出恶露，连续使用 3 天；治疗中，若子宫颈不开张，可注射氯前列烯醇或律胎素，诱导发情后再行操作。

（4）达力郎 1 粒塞入阴道内。

八、母猪发情障碍

在瘦肉型猪中，有一些后备母猪到发情月龄不发情，同月龄的后备母猪都发情配完种了，这些猪还是不发情；断奶母猪出产房后半个月、甚至 1 个月左右都不发情，这就是发情障碍，又称乏情。

（一）造成母猪发情障碍的因素　造成母猪发情障碍的原因比较复杂，主要有：过肥或过瘦引起不发情；幼稚型子宫、内分泌紊乱、持久黄体、卵巢囊肿、卵巢机能静止等引起的不发情；多卵泡发育与两侧卵泡交替发育引起母猪发情短暂、不易查觉；疾病因素引起母猪不发情，如子宫内膜炎使母猪子宫内环境受损而不能发情；圆环病毒导致消瘦的后备母猪不能发情；慢性呼吸道疾病和慢性消化性疾病导致卵巢小而没有弹性、表面光滑或卵泡过小等引起母猪不能发情；猪繁殖障碍性疾病造成母猪不发情；还有饲养管理因素不利于母猪发情，如限位饲养、运动不足、厩舍拥挤、频繁打斗等不利于母猪发情；母猪泌乳期内采食量低下、引起组织损失过量以及断奶后发情延迟，导致总受孕率下降；季节因素，如每年的夏季气温高、湿度大，母猪持续性热应激后，影响卵巢机能，严重时诱发卵巢囊肿而引起母猪不能发情等等。

（二）母猪发情障碍的防治

1.**保持良好体况** 后备母猪或断奶待配母猪一般以七八成膘为宜，如果是按体况评分，那就是让85%以上的母猪体况评分都在2～4分之间。对于营养不足、过分瘦弱而不发情者，可适当增加精料和青绿饲料，使其恢复膘情即可发情。对于过肥造成不发情者，可适当减少碳水化合物饲料，减少日粮量，增加青绿饲料，使其达到繁殖体况即可恢复发情。母猪怎样增料或减料可参看第六章、五、母猪体况评定。

2.**加强运动** 种猪场都应建造专门的运动场，垫上细沙，后备母猪待配期和断奶母猪每天早、晚都放入运动场，并放入结扎输精管的试情公猪，刺激母猪发情。还可以把不发情的母猪装上汽车，适当运输振动，也可促进发情。

3.**刺激发情** 刺激发情的方法有：在种公猪舍内适当建几间母猪栏，将快发情的后备母猪移入这些栏中，使这些母猪听听种公猪的声音、嗅嗅种公猪的气味，受异性刺激促进发情；还有一种办法是在不发情的母猪中，放入几头刚断奶的母猪，几天后这些断奶母猪发情，不断追逐爬跨不发情的母猪，刺激增强其性中枢活动而发情。

4.**对顽固不发情母猪的治疗** ①先注射催情一剂灵2毫升（或用氯前列烯醇3毫升），过24小时再注射孕马血清1 600单位，一般2～3天后就发情；②用氯前列烯醇0.1～0.2毫升肌肉注射，或用0.1毫升子宫腔内给药，用药后2～4天会发情；③用苯甲酸雌二醇（情开）或三合激素肌肉注射诱情，隔24小时后再注射一次；④强行输精 母猪断奶后1个多月仍不发情，可对母猪强行输精，大部分母猪可于强行输精后3～5天发情；⑤对发情不明显母猪的治疗：在发情过程中有少数母猪发情表现不明显，或不出现静立反应，这些母猪只有根据外阴的红肿程度和颜色、黏液浓稠度适时输精，为了保证受胎，可在输精前1小时注射氯前列烯醇2毫升，输精前5分钟再注射催产素2毫升。

5.**治疗原发病** 属于患病引起的不发情，必须先治病，如子宫内膜炎导致不发情，只有把子宫内膜炎治愈了，母猪才能正常发情和妊娠；如果是由于蓝耳病等传染病引起母猪不发情，那只有做好相应的疫苗免疫和防疫消毒工作，才能减少或防止不发情母猪的出现。

第四节 呼吸系统疫病

一、猪传染性胸膜肺炎

猪传染性胸膜肺炎是由胸膜肺炎放线杆菌（APP）引起的猪的一种高度接触性、传染性、致死性呼吸道传染病。临床和剖检上以纤维素性胸膜肺炎或慢性、局灶性、坏死性肺炎为特征。近年来随着养猪规模化、集约化的发展，本病的发生呈爆发趋势，对养猪业的危害日益严重。APP目前发现两个生物型共15个血清型，其中生物Ⅰ型中的1、5、9、10、11五种血清型致病力最强。我国发现和流行的血清型有1、2、3、4、5、7、8、9、10等型，但以1、3、7型为主，各血清型间缺乏交叉免疫性，这就给本病的诊断及疫苗防治带来困难。

（一）流行情况 APP是一种呼吸道寄生菌，主要存在于患病动物的肺和扁桃体内，病猪和带菌猪是本病的主要传染源。猪传染性胸膜肺炎的发生受外界因素影响很大，气候剧变、潮湿、通风不良、饲养密度大、管理不善等条件下多发。有一个猪场，突然更换饲料又遇天气突然变冷、降温，200多头种母猪中11天内有52头发病。

在我国该病长期存在，并广泛流行，1990年由杨旭夫首次报道。"九·五"期间，华中农业大学传染病室检测来自全国的6 700份血清，阳性率为53%。APP感染的途径主要是接触传播，病猪或带菌猪通过咳嗽、喷嚏喷出的分泌物和渗出物而传播。各种日龄的猪对该病均易感，25～45日龄仔猪急性感染后，表现出极高的发病率，发病猪迅速死亡，死亡率极高。急性感染猪传染性胸膜肺炎耐过或隐性感染的猪成为带菌猪，是传染性胸膜肺炎再次爆发和流行的潜在传染源，给本病的控制和根除带来困难。

（二）临床症状 临床症状与猪的日龄、免疫状态、环境因素及病原的感染程度有关。一般分为最急性、急性和慢性。

1.最急性型 一般在断奶到保育舍的猪群中突然发生，病猪体温升高达41.5℃左右，发病猪最初表现不吃食、懒动，好似很疲乏，有时，出现短暂的腹泻或呕吐，后则出现心衰和循环障碍，表现耳、鼻、眼及后躯皮肤发绀，到了晚期出现严重的呼吸困难和体温下降，临死前从鼻、口内流出血性泡沫（图101）。有时，病猪在没有出现临床症状下突然死亡。

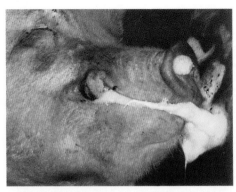

图101 病猪死前从口、鼻流出大量泡沫和黏液

2.急性型 在一群或不同猪群中逐渐出现病猪，病猪体温在40.5～41.0℃，皮肤发红，精神沉郁，不愿站立，厌食，饮水减少。严重者呼吸困难、张口呼吸、咳嗽。该病爆发时怀孕母猪常发生流产。

3.慢性型 慢性型多在急性型后或同时出现，病猪轻度发热或不发热，食欲减退，间歇性咳嗽，不爱活动，仅在喂食时很勉强地爬起。这一型病猪常常被其他呼吸道感染所掩盖或混淆。个别患猪可发生关节炎及在不同部位出现囊肿，感染血清型3时，就常出现这些症状。

（三）病理剖检变化 病理剖检肉眼可见变化主要集中在胸腔和肺部，肺门淋巴结肿大、出血。气管、支气管黏膜肿胀，其内充满血性泡沫、脓性渗出物（痰，图102）。胸膜炎，胸膜出血，纤维蛋白把肺、胸膜、心包膜、膈肌等不同程度地粘连，剖检时很难分离，常常把肺组织撕破、残留在胸壁等处（图103、图104、图105）。

1.肺的变化 有不同情况和程度的肺炎，急性期肺水肿。肺炎开始

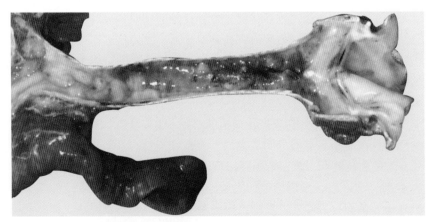

图102 病猪气管黏膜肿胀、出血，充满黄白色渗出物（痰）

图103 病猪肋胸膜出血

图105 病猪广泛性胸膜炎,胸膜上有硬的、桑葚样肉芽组织增生物

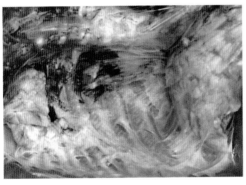

图104 病猪肺与胸膜广泛性粘连愈着

图106 病猪肺水肿,肺膜下有一薄层黄色胶冻样物,肺小叶间质增宽

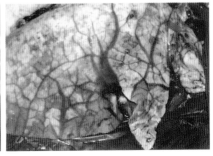

图107 病猪增宽的肺小叶间质内,填满黄色胶冻状水肿液

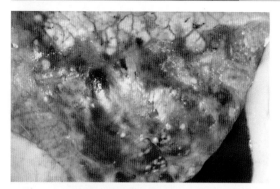

图108　病猪肺炎灶呈紫色、坚硬，与气肿的肺组织有明显界线

图109　病猪肺表面有一层纤维蛋白膜，肺炎灶出血，呈黑色、质度坚硬

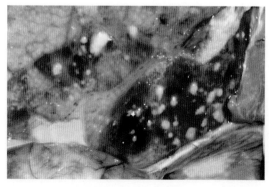

图110　病猪紫色肺炎灶上散在绿豆大小灰白色化脓病灶

时，肺表面有一薄层黄色冻胶样物，间质增宽，增宽的间质内填满黄色胶冻样物（图106、图107）。进一步发展，肺呈紫色或紫黑色，变暗、坚硬（多见于膈叶、附叶），与正常的肺组织有明显界线（图108、图109）。随着病程的发展，变暗、坚硬的肺表面出现两种病变：第一种是密布绿豆大小的白色颗粒样病灶，白色颗粒样病灶深入肺组织内，成为白色颗粒样肌化灶（图110、图111、图112），此种变化多见于保育猪；第二种是整个肺泡被炎性渗出物、白细胞、坏死肺组织填满，肺变硬、色为灰褐色（图113）。切面散布白色包囊结节，大小不等，多为绿豆大小，包囊膜较厚，一般在1~2毫米之间，包囊内充满坏死的肺组织和钙化样物（图114），此种变化多见于成年猪。第二种病变是第一种的发展。以上两种病变是传染性胸膜肺炎的特征性病变。

图111　病猪紫红色、变硬的肺炎区上密布绿豆大小的白色颗粒样化脓病灶

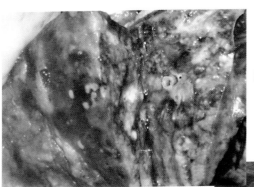

图112　病猪肺切面，白色化脓病灶钙化，深入肺组织坏死和肉变

图113　病猪整个肺泡被炎性渗出物填满，肺呈灰褐色、变硬

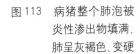

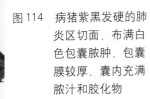

图114　病猪紫黑发硬的肺炎区切面，布满白色包囊脓肿，包囊膜较厚，囊内充满脓汁和胶化物

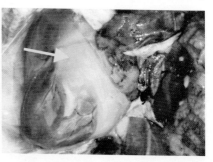

图115　病猪心包腔内的黄色冻胶样物附着在心外膜上和肺粘连，紫色肺炎区上有灰白色小脓肿

图116　病猪心包腔内灰白色胶冻样渗出物附着在心外膜上

2.心脏变化　常常见到心包腔内有黄色胶冻样物附着在心外膜上（图115、图116）。但剖检患该病的活猪时（颈脉放血致死后立即剖检），刚打开心包膜时常常见到心包腔内有大量淡黄色、半透明的渗出液（图117），过5分钟左右就变成黄色胶冻样物，附着在心外膜上（气温高时变得慢些、气温低时变得快些）。原来，心包腔内的冻胶样物，猪活着的时候是呈液态，猪死后体温下降就变成胶冻样。有时心外膜上有白色絮状物覆盖，或心外膜变得粗糙（图118、图119）。

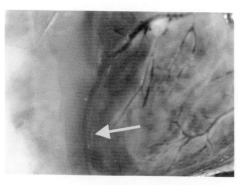

图117　颈脉放血致死的病猪心胞腔内，黄色、半透明的渗出物，过5分钟后变成胶冻样物

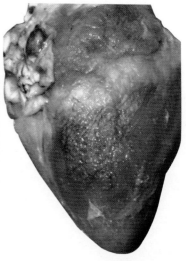

（四）诊断　临床诊断可根据临床典型表现和剖检变化：肺有纤维

图118　病猪心外膜表面红色颗粒状肉芽，使心外膜变得粗糙

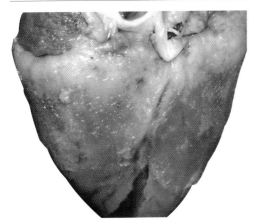

图119 病猪心外膜上撒布有星星点点、丝丝状白色纤维蛋白

蛋白膜履盖，紫黑色发硬的肺炎区切面，出现绿豆大小的包囊结节，囊膜较厚、囊内有坏死肺组织和钙化物这些典型特征而作出初步诊断。确诊可结合血清学方法或用肺组织触片，革兰氏染色镜检，若发现革兰氏阴性小球杆菌，综合分析可作出最后诊断。

（五）防治 ①用猪传染性胸膜肺炎苗进行免疫预防接种；②治疗可用长效土霉素和氟苯尼考交替肌肉注射；③每吨饲料内添加2%猪喘清（氟苯尼考）1 500克、磺胺二甲基嘧啶300克，连喂7~15天；④加强厩舍卫生消毒。

二、猪支原体肺炎

猪支原体肺炎是由猪肺炎支原体（Mycoplasmal Pneumonia）引起的一种慢性接触性呼吸道传染病。又称猪地方流行性肺炎，最通俗、最常用的称呼是猪气喘病、猪喘气病。临床表现以干咳、喘、腹式呼吸为主，病变特征是肺呈融合性支气管肺炎。

（一）流行特点 不同品种、年龄、性别和用途的猪均能感染，以土种猪和纯种瘦肉型猪最易感，其中，又以乳猪和断奶仔猪易感性高、发病率和致死性都高；成年种公猪、母猪、育肥猪多呈慢性或隐性感染。病原体主要存在于病猪或隐性感染猪的呼吸道及分泌物中，传播途径主要是在接触的场合，通过咳嗽、喷嚏和喘气经呼吸道感染。

猪支原体炎一年四季都有发生、流行，没有明显的季节性，但以寒冷的冬天、早春、晚秋发病较多。新疫区常呈爆发性流行，并多取急性经过；老疫区多取慢性经过。卫生条件和饲养管理差是造成本病发生的重要因素。继发感染巴氏杆菌病、传染性胸膜肺炎、副猪嗜血杆菌病等导致病情加重，死亡率升高。

（二）临床症状　潜伏期，人工感染时肺部出现病变为5~10天；自然感染为11~16天。主要症状以干咳、喘、腹式呼吸为主，尤其在早、晚、夜间、运动、驱赶时、气候突变时，表

图120　病猪咳嗽、气喘、呼吸困难、口鼻流白沫，呈犬坐姿势

现明显，有黏性、脓性鼻液，严重时呼吸增数，出现呼吸困难、张口伸舌、口鼻流白沫、发出喘鸣声、呈犬坐姿势（图120）。无继发感染时，体温一般正常。病程一般为15~30天，慢性者可达半年以上。病猪的预后与管理和卫生条件好坏有关，条件差并发症多，病死率高。一般情况下体温正常，继发感染时体温升高。食欲一般也没有变化。

（三）病理剖检变化

猪气喘病的病理剖检变化主要见于呼吸系统，在肺的心叶、尖叶、膈叶及中间叶等处，病初呈现对称性的出血性肺炎（图121）、出血被吸收后就成为渗出性或增生性的融合性支气管炎。其中又以心叶最为显著，尖叶和中间叶次之，膈叶病变多集中

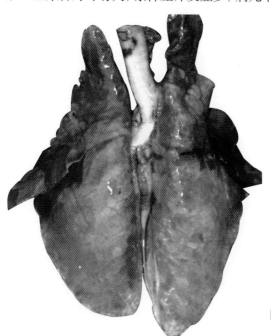

图121　病猪呈现两侧对称性肺炎

图 122 病猪肺尖叶、心叶和膈叶前下
　　　缘实变

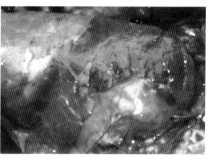

图 123 病猪肺炎灶与气肿肺组织有明
　　　显界线

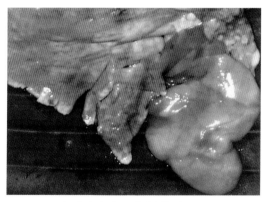

图 124 病猪肺尖叶呈"胰样"变

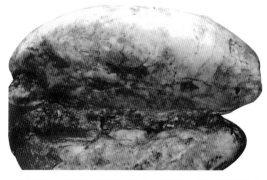

图 125 患猪肺气肿、胀大，呈灰白色，拍打时产
　　　生鼓音

于前下部。病变部位的颜色为淡红色或灰红色的半透明状，界限明显，像鲜嫩的肌肉样，俗称"肉变"（图122、图123），病变部切面湿润而致密。随病程延长或病情加重，病变部位颜色加深，呈淡紫色或灰白色，半透明程度减轻，坚韧度增加，俗称"胰变"（图124）。如有继发性细菌感染时，则会出现肺的纤维蛋白性、坏死性病变。恢复期，病变逐渐消散，肺小叶间结缔组织增生硬化、表面下陷，周围肺组织膨胀不全。肺门和纵隔淋巴结肿大。部分病猪常发生肺气肿（图125）。

（四）诊断 病猪体温、食欲正常，呈现腹式呼吸，痉咳、喘鸣、肺上有"肉变"或"胰变"者，可初步诊断为喘气病。进一步诊断用猪喘气病间接血凝试验。

（五）防治 预防本病的发生和扩散蔓延必须采取综合防制措施。原则是：①要实行自繁自养，不从外地购猪；②用猪气喘病苗预防接种，后备母猪每年免疫一次，仔猪7日龄和21日龄各免疫一次。③检疫普查，严格隔离病猪，并进行及时淘汰处理，不作种用。

猪气喘病目前还没有根治的药物，治疗时可选用卡那霉素、长效土霉素、林可霉素等肌肉注射。支原净等药物加在饲料中喂，加强饲养管理。每吨饲料中添加的药物举例如下：①支原净125克＋强力霉素100克（金霉素300克）；②支原净125克＋磺胺异噁唑500克＋甲氧苄氨嘧啶100克＋碳酸氢钠1 000克；③利高霉素预混料120克。

任选一方连喂7天。

三、猪传染性萎缩性鼻炎

猪传染性萎缩性鼻炎（简称萎鼻）主要是由第Ⅰ相支气管败血波氏杆菌（Bordetella bronchiseptica），产毒D型、A型多杀性巴氏杆菌（Bordetellamultocida）引起猪的一种慢性呼吸道传染病。以鼻炎，鼻梁、颜面变形或歪斜和鼻甲骨萎缩为主要特征

（一）流行特点 各种年龄的猪都易感，外种猪比本地猪易感。随猪龄增长，发病率下降。本病多散发。病猪和带菌猪是主要传染源，一般情况下，母猪传给仔猪、再由仔猪扩大传染，健康猪群若不引进病猪或带菌猪，一般不会发病。饲养管理不良、猪舍潮湿，饲料中缺乏蛋白质、矿物质等可促进本病发生。

（二）临床症状 最先表现的症状是打喷嚏，喷嚏呈连续性或间隔性，在饲喂、运动和气候变化时加剧。因为鼻炎，患猪表现不安、鼻部瘙痒、摇头、拱地、搔抓或摩擦鼻部，鼻孔流出浆性或脓性鼻液，严重

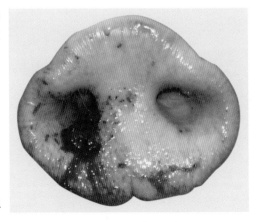

图126 病猪右鼻孔流血

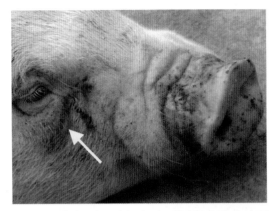

图127 病猪眼角下有泪斑，鼻、颜面部变形、向右歪

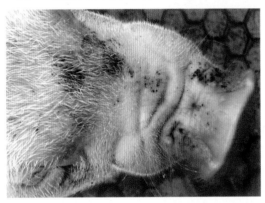

图128 病猪鼻向右歪斜，鼻背及右侧皮肤形成皱折

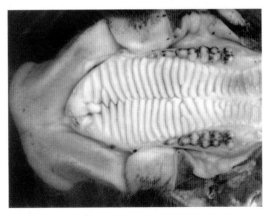

图129 病猪上腭变形，向右弯曲

时鼻孔流血（图126）。由于鼻炎导致鼻泪管阻塞，结膜炎，泪液分泌增多而不能从鼻泪管往内流，而是往外流，以致在内眼角下的皮肤上形成灰黑色泪斑，泪斑形状多为半月形（图127、图128）。继续发展，大多数患猪有鼻甲骨萎缩变化，经过2~3个月，鼻和面部发生变形。若一侧鼻腔病损严重时，则两侧鼻孔大小不一，鼻歪向病损严重的一侧，上颌也会随之往一侧歪（图129）；若两侧鼻腔的损伤大致相等，则鼻腔变得短小、鼻端向上翘起，鼻背部皮肤粗厚，形成较深的皱褶，下颌伸长，上下门齿错开而不能咬合（图130）；部分病猪发生肺炎。病猪体温一般正常，生长缓慢，并发肺炎的患猪，死亡率增高。

（三）病理剖检变化
病理剖检变化主要见于鼻腔和邻近的组织，特征变化是鼻甲骨萎缩，尤其是鼻甲骨下卷曲最为常见。从两侧上颌第一、二臼齿间横断鼻部，可见到鼻中

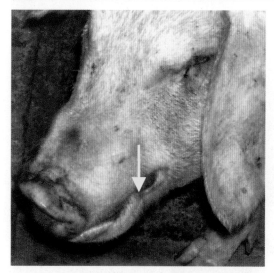

图130　病猪鼻和上腭向右歪斜后，上、下颌不能正常咬合

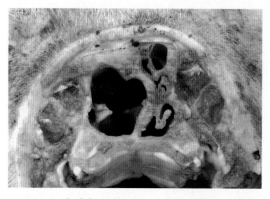

图131　病猪鼻中隔弯曲，右鼻甲骨萎缩，右鼻腔扩大

隔弯曲、变形或消失，两侧鼻孔大小不一，鼻甲骨萎缩、卷曲，特别是下卷曲变小而钝直、甚至消失，使鼻腔变成一个鼻道，甚至形成空洞（图131）。

（四）诊断　根据流行特点、典型症状和病理剖检变化可作出临床诊断。进一步诊断可进行乳胶凝集试验。

（五）防治　①预防本病就要不从有该病的猪场引进猪，引进猪时应隔离观察40天，用血清学方法检验，阴性猪才能并群。发现病猪和阳性猪时应隔离淘汰，根除病原；②用猪传染性萎缩性鼻炎苗免疫猪群；③本病病原对抗生素和磺胺类药物敏感，如阿莫西林、氟苯尼考、长效土霉素等都有效。

四、副猪嗜血杆菌病

副猪嗜血杆菌病又称格拉瑟氏病，是由副猪嗜血杆菌引起的一种主要危害断奶前后仔猪的传染病。本病在集约化猪场发病率正在上升，危害严重。

（一）病原　副猪嗜血杆菌具有多种不同的形态，从单个的球杆菌到长的、细长的、以致丝状的菌体，多呈球杆状，革兰氏阴性。是一种条件性、依赖性的致病菌，广泛存在于猪的上呼吸道。目前副猪嗜血杆菌至少可分为15个血清型，各血清型之间的致病力存在极大差异，以4、5

和13型最为流行，4型为中等毒力，5和13型为强毒。副猪嗜血杆菌具有明显的地方性特征。

（二）流行情况 副猪嗜血杆菌只感染猪，主要危害2周龄至4月龄的猪，5～8周龄的哺乳和保育阶段的仔猪多发病，其他年龄的猪亦能感染。发病率一般为10%～15%，可以整窝仔猪感染发病，死亡率可高达50%。

本病常由于运输疲劳、捕捉等应激，使猪只的抵抗力降低的情况下发病，故又称"运输病"。

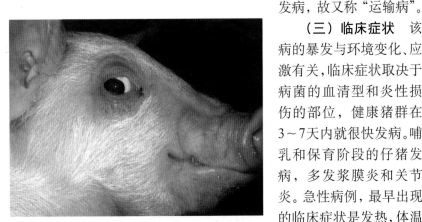

图132 病猪最早症状是眼睑发红、浮肿，耳、鼻和下唇发绀

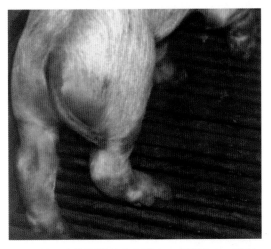

图133 病猪两跗关节部肿大、负重无力、跛行

（三）临床症状 该病的暴发与环境变化、应激有关，临床症状取决于病菌的血清型和炎性损伤的部位，健康猪群在3～7天内就很快发病。哺乳和保育阶段的仔猪发病，多发浆膜炎和关节炎。急性病例，最早出现的临床症状是发热，体温一般在40.0～41.0℃，眼睑发红、浮肿，皮肤和可视黏膜发绀（图132）。食欲不振、甚至厌食，反应迟钝，肌肉颤抖，腕关节、跗关节肿大，负重无力，跛行，并表现疼痛（图133、图134）。初次发病的猪场或与链球菌、猪蓝耳病等混合感染时死亡率很高，可达80%以上。病情严重时，出现呼吸困难，喘，腹式呼吸，有的病猪出现震颤、共

济失调，临死前呈角弓反张、四肢划水等症状。

慢性病例呈非典型症状，食欲下降、咳嗽、发热、呼吸困难、四肢无力或跛行，生长缓慢，甚至衰竭而死亡。

母猪感染可发生流产，公猪出现慢性跛行。

（四）病理剖检变化

剖检副猪嗜血杆菌病死猪主要病变是：肿胀的关节皮下呈胶冻样变（主要见于腕关节、跗关节），关节腔内有浆液性炎性渗出液，四周也常呈胶冻样变（图135、图136、图137、图138、图139）。胸腔、心包腔、腹腔多发性浆膜炎，腔内常有大量炎性渗出液，心外膜、肺表面常有纤维蛋白（图140、图

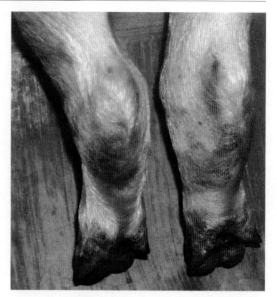

图134　病猪肿大的两个跗关节，右跗关节比左跗关节肿大

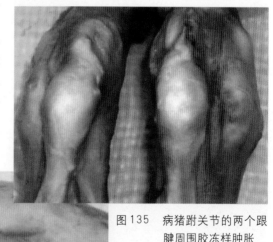

图135　病猪跗关节的两个跟腱周围胶冻样肿胀

图136　病猪跗关节周围胶冻样肿胀（侧面观）

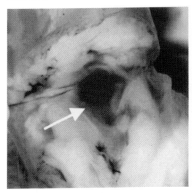

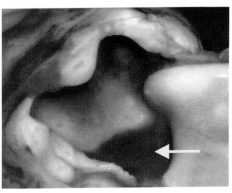

图137 病猪跗关节炎,关节腔内有大量淡红色浆液性、炎性渗出液

图138 病猪跗关节炎,关节腔内有黄褐色胶冻样炎性渗出物

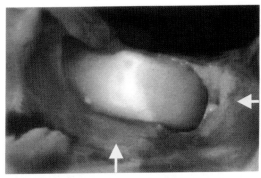

图139 病猪跗关节炎,关节腔四周黄褐色胶冻样液

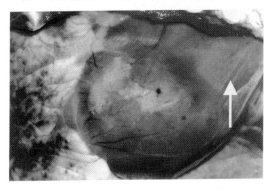

图140 病猪多发性浆膜炎,心外膜上附着白色纤维素

141)或附着有一层灰白色纤维素性物(图142、图143)。常发生出血性肺炎或纤维素性胸膜肺炎。

(五)诊断 根据本病的流行特点、临床症状和病理剖检变化特征可作出初步诊断,进一步诊断可用快速聚合酶链式反应(PCR)诊断技术。值得注意的是,多数健康猪群中具有副猪嗜血杆菌的抗体,如果只是血清学阳性而无临床及病理剖检变化,不能确定为该病。细菌分离培养比较困难,加之在健康猪的上呼吸道、扁桃体内经常存在副猪嗜血杆菌,就是分离到本菌而无临床及病理剖检变

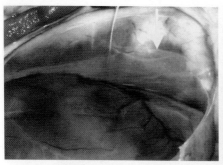

图141 病猪多发性浆膜炎,心包腔内有大量黄色渗出液,心外膜混浊

图142 病猪肺表面附着一层灰白色纤维素性渗出物

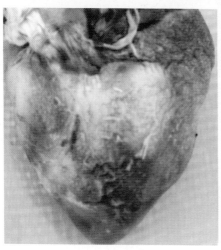

图143 心包膜炎,心外膜上附有一薄层灰白色纤维素性渗出物,撕去纤维蛋白膜,心外膜上有丝状、绒毛状肉芽组织

化,也不能确定为该病。

(六)防治 要控制副猪嗜血杆菌病必须采取疫苗接种、抗菌素处理和加强饲养管理相结合的措施。①疫苗的使用是预防副猪嗜血杆菌病最为有效的方法之一。②大多数血清型的副猪嗜血杆菌对氨苄西林、氟喹诺酮类、头孢菌素、四环素、庆大霉素和增效磺胺类药物敏感,可选择应用。

五、猪肺疫

猪肺疫又叫猪巴氏杆菌病,是由多杀性巴氏杆菌(Pasteurella multocida)引起猪的一种急性、散发性传染病。急性病例以败血症和器官、组织出血性炎症为主要特征。

（一）病原 多杀性巴氏杆菌为一种两端钝圆的革兰氏阴性短杆菌或球杆菌，瑞氏或美蓝染色，菌体呈两灰浓染，这一特征对本菌的鉴定具有重要价值。本菌为需氧及兼性厌氧菌，对干燥、日光、热和常用消毒剂的抵抗力不强，但在腐败的尸体中可存活 1～3 个月；1% 氢氧化钠和 2% 来苏儿等能迅速将其杀灭。

（二）流行特点 本病一年四季均可发生，但多发于 5～9 月间。对多种动物均有致病性，在一定情况下各种家畜间互相感染，黄牛、水牛等互相感染；鸡、鸭等禽间互相感染；至于畜、禽间的感染还不很明显。发病猪无年龄、性别的明显差异，但 4 月龄以上猪易感性大些。病猪、健康带菌猪是主要传染源。病原随分泌物和排泄物排出，污染环境，又通过消化道、呼吸道、皮肤和黏膜的伤口感染。带菌猪因受寒冷、闷热、气候剧变、长途运输等因素刺激而使机体抵抗力降低时，也可发病。本病多呈地方性流行，也常与猪瘟、气喘病等混合感染或继发感染。

（三）临床症状 潜伏期 1～5 天。猪肺疫的临床症状有最急性、急性和慢性之分，但与流行方式有关，流行性猪肺疫常表现最急性和急性。

1.最急性型 多发于流行初期，突然发病，发热达 41.5℃ 以上，呼吸困难，数小时死亡。

2.急性型 最初体温升高达 41.0℃ 以上，甚至达 42.0℃，表现为咽喉炎症状、颈、咽部高热、红肿、坚硬（图144、图145）。常呈犬坐，伸长头颈"呼啦"呼吸，发出喘鸣声，或干而短的痉挛性咳嗽，因此，又把该病称为"响脖子"、"锁喉风"。此时，若出现口、鼻流泡沫样物（图146），患猪很快死亡。

3.慢性型 主要表现为慢性肺炎和慢性胃肠炎症状，体温时高时

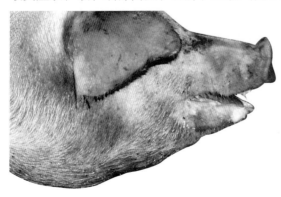

图144 急性型病猪喉颈部肿胀，呼吸困难，口吐白沫，耳、颈皮肤发紫

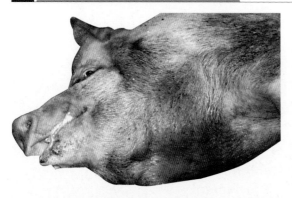

图 145　急性型病猪咽喉部红肿

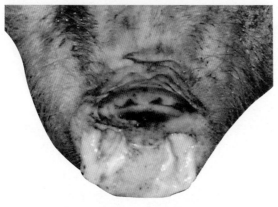

图 146　病猪两鼻孔流出浆液性鼻液

低，食欲不振，常有下痢现象，发病初期呼吸困难，间有咳嗽，随呼吸鼻流出黏液，病程经2周以上，多数猪死亡。

（四）病理剖检变化　最急性型猪肺疫的眼观病变主要有：咽喉部及其周围结缔组织有出血性浆液样浸润，喉头、气管内充满白色或淡红色泡沫样分泌物；全身黏膜、浆膜和皮下组织有大量出血点；全身淋巴结肿大、切面多汁、出血；心包膜和心外膜有出血点（图147）；肺急性水肿、出血（图148）。急性型病例主要病变是纤维素性肺炎，肺有不同程度的肝变病灶，其周围常有水肿和气肿，切面呈大理石样纹理（图149），有的在肺叶上有较大的局灶性化脓灶（图150）。慢性病例可见肺肝变区大，常有较大坏死区，外面有结缔组织包囊，内有干酪样物；心包、肺胸膜、肋胸膜发生纤维素性炎和粘连性变化。

（五）诊断　根据流行特点、临床症状和病理剖检变化可作出临床诊断。确诊可采集心包液、局部水肿液、淋巴、肝、脾等组织涂片或触片，革兰氏染色镜检，如有巴氏杆菌即可确诊。

（六）防治　①健康猪群每年定期进行两次猪肺疫苗免疫接种；②一旦发现病猪应立即隔离，清厩消毒，改善饲养管理；③巴氏杆菌对青霉素、链霉素及广谱抗生素和磺胺类药物都敏感，可用于治疗，但该菌可产生抗药性，使用中应及时更换药物。

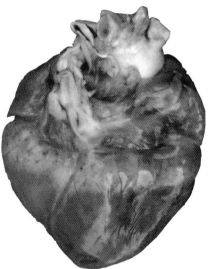

图 147 病猪心外膜点状出血

图 148 病猪肺局灶性出血

图 149 病猪肺呈大理石样变

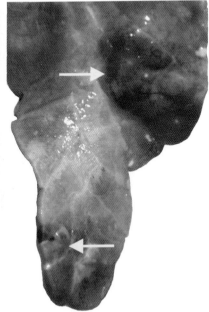

图 150 病猪肺化脓，局灶性脓肿

第五节 严重危害仔猪的疾病

一、猪断奶后多系统衰弱综合征（PMWS）

猪断奶后多系统衰弱综合征是由圆环病毒2型（PCV2）感染所致的一种新病毒病，该病已成为危害养猪生产的主要疫病之一。

（一）流行情况 PMWS最早于1991年在加拿大发生，1996年正式报道，此后世界各地都报道有该病发生和流行。PMWS多发生于5～12周龄的仔猪，一般于断奶后1周内发病，发病率为20%～50%不等。急性发病猪群最初的死亡率在10%左右，由于继发细菌或其他病毒感染，死亡率会大大提高，可高达30%以上。除病死猪外，影响大的还有猪只增重缓慢，甚至不增重。据华中农业大学琚春梅等人对临床1 257份送检血清用ELISA方法进行检验，PCV2总阳性率为57.28%，仔猪阳性率为30.83%，肥猪阳性率为64.93%，母猪阳性率力71.5%，公猪阳性率为70.27%。这些数据说明，PCV2在我国普遍流行。而且抗体阳性率随猪体年龄增长而升高，但在临床上出现临床症状的主要是断乳前后的仔猪。

（二）临床症状 PMWS最常见的临床症状是猪只渐进性消瘦和生长迟缓，由于肌肉部分的消耗，整个患猪的背脊变成显著的尖突状；患猪的头部、耳部与其变瘦及苍白的躯体几乎显得不成比例。其他症状有呼吸困难、咳嗽、消化不良、腹泻、贫血和黄疸（图151），发病后期还可见腹股沟淋巴结肿大，多数猪体温达40.0℃左右。

（三）病理剖检变化 PMWS病死猪剖检时最常

图151 断奶猪发生PMWS，表现渐进性消瘦和生长迟缓，皮肤苍白，背脊尖突

见的变化是，全身淋巴结、特别是腹股沟淋巴结、肠系膜淋巴结、肺门淋巴结、颌下淋巴结等肿大，发病初期多为水肿，切面灰白、多汁、质地均匀的外观；后期切面出血。肺肿胀，间质增宽，质地变硬，不塌陷，肺表面有局灶性出血性炎症，呈弥漫性斑驳状（图152）；胃变小，肠道纤细，胃黏膜可见溃疡灶，肠壁变薄；肝可从中度黄

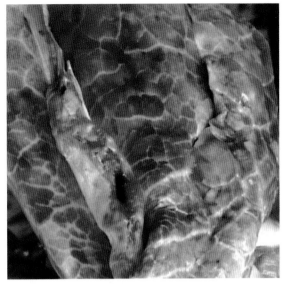

图152 PMWS病猪肺间质增宽，质地变硬，不塌陷，肺表面有出血性炎症，呈弥漫性斑驳状

疸到明显的萎缩，并伴有突出的肝小叶间结缔组织；肾髓质部常见散布性或浸润性的白色病灶，并常伴有肾盂周围水肿，至肾明显肿大，有些猪肾脏表面密布点状出血；由于继发感染常发生胸、腹膜炎和心包炎。

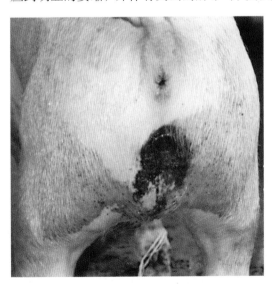

图153 PDNS病猪臀部皮肤和阴部出现紫色出血斑块

（四）与PMWS有关的4种疫病 PMWS和下列4种病互有影响、互有关系：

1.PRRS 在PMWS的病例中，有60%左右与PRRSV同时感染 这两种病均对猪只的免疫系统及免疫细胞造成伤害，最明显的病变为淋巴肿大。

目前，造成保育猪大量发病、死亡的主要凶手就是PMWS和PRRS这两个病。PRRSV会增强PMWSV的增殖速度，使病情恶化，更容易遭受第二次细菌感染，而使死亡率增高。

2.**猪皮肤炎及肾病综合征（PDNS）** PDNS通常发生于8～18周龄的猪只，患猪皮肤上会出现紫色病灶，有时呈群集状，且大部分在会阴

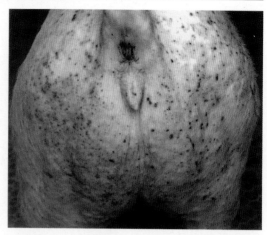

图154　PDNS病猪臀部皮肤突然出现各种形状的、大小不一的、稍微突起的紫红色或紫黑色出血斑点

部、臀部及四肢皮肤水肿、发炎、点状出血坏死（图153、图154）。食欲不振，有时体温升高。发病猪通常会在3日内死亡；有些病例在出现症状后2～3周才死亡。

剖检病死猪主要表现坏死性皮肤炎和动脉炎，以及渗出性肾小球性肾炎及胸、腹腔积水。

在大部分病猪的血清中，常有PMWS和PDNS两种病的抗体存在。

3.**间质性肺炎（INTEYSTITIEL PNEUMONIA）** 本病主要感染6～14周龄的仔猪，发病率在2%～30%之间，死亡率在4%～10%之间。肉眼所见的病变有灰红色弥漫性间质肺炎，肺泡腔内有时可见透明蛋白（图148）。

（五）诊断 哺乳仔猪很少发病，仔猪在断乳前后、特别是断乳后就出现渐进性消瘦，生长缓慢、贫血、黄疸和腹股沟淋巴结肿大，就应该怀疑为仔猪断奶后多系统衰弱综合征。要进一步确诊就须采集血清做PCV2ELISA试验。

（六）预防和治疗 目前还没有好的商品性疫苗来预防PCV2感染，因此，只有加强仔猪的饲养管理，提高猪群的蛋白质、氨基酸、维生素和微量元素的水平来提高饲料的质量，增强猪的抵抗力；建立、完善猪场的生物安全体系，将消毒卫生工作贯穿于养猪生产的各个环节，最大

限度地降低猪场内污染的致病微生物；降低饲养密度，仔猪的寄养应限制在出生后24小时内，防止不同来源、不同胎次及不同日龄的仔猪一起混养，产房和保育室要做到全进全出；减少或杜绝猪群的继发感染，从而控制或减少仔猪感染PCV2的机会。

已发生PCV2感染的猪场，给妊娠90天以上的母猪采用本书55页蓝耳病的防治方法。在药物预防上可采用哺乳仔猪在3、7、21日龄时各注射长效土霉素0.5毫升，或仔猪断奶前、后各1周，在饲料中添加林可霉素、金霉素、强力霉素或氟苯尼考等药物，控制继发感染，减少猪只的死亡等办法。如能控制PRRSV的感染及蔓延，就可以减轻PCV2的毒力，因为PCV2单独感染时并不一定会造成伤害。

母猪用药：母猪是很多病原的携带者，或者通过垂直感染，或者通过排毒造成哺乳仔猪的早期感染。已知肺炎支原体可以促进PMWSV感染，并能延长感染的持续时间和母猪排毒的时间。另外，母猪体内还有很多细菌，生产过程中有可能造成早期感染。母猪用药可以降低PMWS造成的危害，并能净化母猪体内的细菌。因此，母猪在产前1周和产后1周用药，在每吨饲料中添加利高霉素1 200克、金霉素1 000克、阿莫西淋150克。

做好猪瘟、伪狂犬病、猪细小病毒、猪气喘病、蓝耳病等疫苗的免疫接种工作。据调查，使用过猪气喘病苗的猪场，PMWS的发病率和死亡率明显低于未用猪气喘病苗的猪场。可见，通过气喘病苗的免疫接种可以提高猪群呼吸道的免疫力，增强肺脏对PCV2的抵抗力，减少呼吸道病原体的继发感染。

二、新生仔猪腹泻和仔猪腹泻

新生仔猪腹泻（仔猪黄痢）和仔猪腹泻（仔猪白痢）都是由致病性大肠杆菌引起的仔猪肠道细菌性急性传染病，发病率高，死亡率也高，危害严重。新生仔猪腹泻以剧烈腹泻、排黄色液状粪、迅速死亡为特征。仔猪腹泻以排乳白色或灰白色、带有腥臭的浆糊状稀粪为特征。

病原 新生仔猪腹泻和仔猪腹泻两种病的病原均为致病性大肠杆菌。该菌是动物肠道内的正常寄生菌，有些菌型能引起疫病。大肠杆菌是革兰氏阴性、中等大小的杆菌。病原性菌株一般能产生一种内毒素和1～2种肠毒素。大肠杆菌有菌体抗原（O）、表面抗原（K）和鞭毛抗原（H）

3种。已知O抗原有167种，K抗原有103种，H抗原有64种。引起新生仔猪腹泻和仔猪腹泻的大肠杆菌常为一定的血清型。大肠杆菌对外界的抵抗力不强，一般常用消毒药均易将其杀灭。

（一）新生仔猪腹泻　新生仔猪腹泻又叫新生仔猪大肠杆菌病，俗称"仔猪黄痢"。属肠分泌过度性下痢，肠分泌增多，水分吸收减少，以剧烈腹泻、排黄色液状粪、迅速死亡为特征。

1.流行特点　本病的发生无季节性，多见于猪场，单个饲养的少见，场内一次发生之后，就延绵不断，特别是规模化养猪场该病十分严重，有的场窝窝发生、头头发病，危害严重。本病发生于刚生后至7日龄的哺乳仔猪，生后12小时至2~5日龄的发病最多，头胎仔猪由于缺乏母源抗体而下痢严重。带菌母猪为传染源，由粪便排出病原菌，污染母猪皮肤和头头，仔猪在吃乳和舔母猪皮肤时经消化道感染。

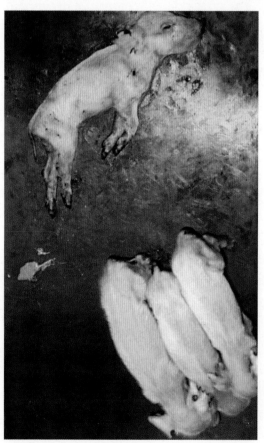

2.临床症状　在一窝仔猪中突然有1~2头发病，很快传开，同窝仔猪相继拉稀，开始排黄色稀粪，含有凝乳小块、腥臭，黄色粪便沾满肛门、尾、臀部，严重者病猪肛门松弛、排粪失禁，不吃乳，消瘦、脱水、眼球下陷，肛门、阴门呈红色，站立不起，1~2天死亡（图155）。

3.病理剖检变化　死于该病的仔猪，尸体严重

图155　新生仔猪黄痢腹泻、消瘦、脱水、衰弱、拉出的粪呈土黄色

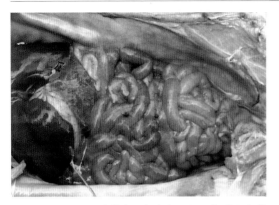

图156 新生仔猪黄痢,腹腔脏器和肠浆膜上有黄白色絮状纤维蛋白附着,肠严重充血

脱水而干燥皱缩,眼窝下陷。腹腔脏器表面和肠浆膜面有黄白色絮状纤维蛋白附着、严重充血,肠黏膜呈急性卡他性炎症,脾肿大,腹股沟淋巴结和肠系膜淋巴结肿大、出血,肝淤血(图156、图157),胃、肠道内有多量黄色液状内容物和气泡、气体,黏膜充血、出血(图158)。

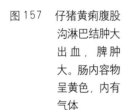

图157 仔猪黄痢腹股沟淋巴结肿大出血,脾肿大。肠内容物呈黄色,内有气体

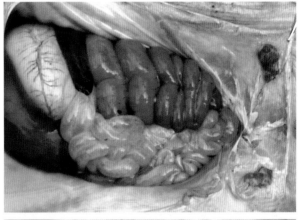

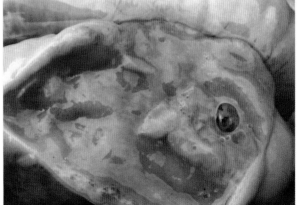

图158 仔仔猪黄痢,胃内容物黄色黏稠,内有气泡

4.诊断　根据临床的进行性下痢和病理剖检变化可作出诊断，必要时进行病原分离。

5.防治　预防本病必须采取综合性防治措施：国产大肠杆菌苗含K88、K99、987P3个抗原，进口苗加了F41，于母猪产前5周和2周各注苗一次。商品苗所含的3个或4个抗原，不一定含有每一个猪场的大肠杆菌血清型，因此，用本场仔猪粪便、特别是用拉痢的粪便自然感染妊娠后期母猪，获得含有本地致病性大肠杆菌的抗体，通过初乳传递给仔猪，可以获得比商品苗还好的效果。具体做法是：母猪产前30天和15天各服3天新生仔猪腹泻病猪的粪便；产房、产床要彻底清洗消毒；母猪进入产房前，必须用温消毒药水清洗全身，产前用清水、肥皂水、消毒药水三次清洗消毒腹部、乳房、阴部；接产时，对仔猪的口腔、鼻孔、体表要用消毒过的毛巾擦净，断脐要防止感染；仔猪的保温对防止黄痢发生至关重要；1日龄口服适量益生素，对防止该病发生有很好的作用。

治疗可用环丙沙星、氟哌酸、庆大霉素、黄连素等药物，防止脱水也十分重要，可在饮水中加入补液盐（氯化钠3.5克、碳酸氢钠2.5克或枸橼酸钠2.9克、氯化钾1.5克、葡萄糖20克，加水至1 000毫升）。

（二）仔猪腹泻　仔猪腹泻又叫迟发性大肠杆菌病，俗称"仔猪白痢"，以排乳白色或灰白色带有腥臭的糊状稀粪为特征。

1.流行特点　仔猪腹泻的发病与日龄有关，8～12日龄的仔猪发病多，12～20日龄的发病次之，生后7天以内、30天以上的猪极少发病。一窝仔猪先有1～2头发病，紧接着蔓延全窝。仔猪腹泻虽然一年四季都有发病，但严寒的冬天、炎热的夏天、阴雨潮湿、圈舍泥泞、气候骤变时发病较多。

2.临床症状　发病猪体温常在40℃左右，一般出现下痢后体温降至正常。病猪下痢严重，粪便呈现深浅不等的乳白色、灰白色、混杂黏液的糊状，少数病例夹有血丝，有特异的腥臭气（图159）。随着病情加重，病猪消瘦，眼结膜及皮肤苍白，脱水，最后衰竭而死（图160）。

3.病理剖检变化　仔猪腹泻无特征性的病理剖检变化，尸体消瘦，腹腔内也常有纤维蛋白附着于脏器表面，肝、脾肿大，腹股沟淋巴结及肠系膜淋巴结水肿或出血，肠内容物为灰白或乳白色糨糊状，有酸臭气，胃肠有卡他性炎症，肠壁变薄而透明（图161、图162）。病程长者肝变成土黄色、质地如胶泥（图163），部分病例的胃黏膜点状、条状溃疡。

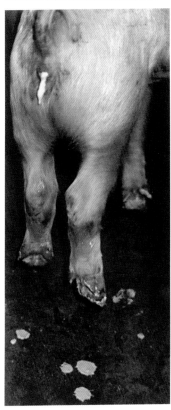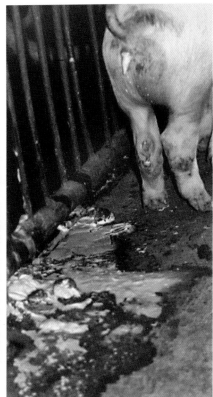

图 159 仔猪白痢腹泻，拉出石灰浆样粪便

图 160 仔猪白痢严重腹泻，时间
长久时脱水、衰弱、消瘦，
站立不起

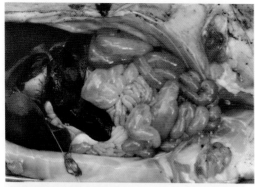

图161 仔猪白痢猪，腹腔内有纤维蛋白，肝、脾肿大，腹股沟淋巴结水肿

4.诊断 根据发病日龄和排出的粪便可作出初诊，必要时分离病原。

5.防治 做好母猪的饲养管理，厩舍要经常保持清洁干燥，是预防仔猪白痢的关键。治疗可参照新生仔猪腹泻。

三、仔猪副伤寒

仔猪副伤寒又称猪沙门氏菌病，是由沙门氏菌引起仔猪的一种传染病。临床上以出现肠炎和持续下痢为特征。

（一）病原 主要为猪霍乱沙门氏菌和猪伤寒沙门氏菌，云南的仔猪副伤寒还有由鼠伤寒沙门氏菌、纽波特沙门氏菌引起的。沙门氏菌为革兰氏阴性小杆菌，具有产生毒素的能力，所产的毒素耐热，可使人发生食物中毒。本菌对外界的抵抗力较强，在

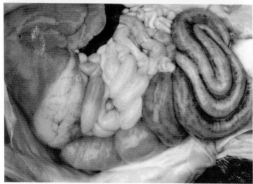

图162 仔猪白痢病猪结肠攀胶样水肿，肝土黄色

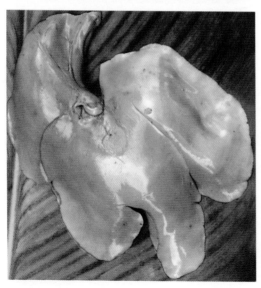

图163 仔猪白痢病猪的肝脏呈土黄色，质地如胶泥

粪便中能存活 10 个月，对化学消毒剂抵抗力不强，常用消毒药能很快将其杀死。

（二）流行特点　本病一年四季均可发生，又以冬春季节多发。常发生于 2~4 月龄的仔猪，6 月龄以上的猪发病较少，1 月龄以内的仔猪发病更少。多为散发，有时呈地方性流行。病猪和带菌猪是主要传染源，病菌可从粪、尿等排出，主要经消化道感染。当饲养管理不善、气候突变等刺激使机体抵抗力下降时，存在于猪体内的病菌也会乘机繁殖、毒力增强而致病。常与猪瘟、猪气喘病混合感染。

（三）临床症状　潜伏期 3~30 天，病状分为急性和慢性二个类型。

1.**急性型**　此类发生不多，其特征是发生急性败血症，病猪体温升高达 41.5~42℃，呕吐和腹泻，耳、颈、四蹄尖、嘴尖、尾尖、腹下等猪体远端发绀，有紫红色斑点和斑块，多数 2~4 天死亡。死亡率高，不死者，变为慢性。

2.**慢性型**　最为多见，开始发病不易觉察，到精神不振、寒战、出现下痢时，一般才被发现。病猪喜钻垫草，无垫草者就打堆。恶性下痢，下痢和便泌交替进行，粪便恶臭，呈淡黄色、灰绿色或灰白色。病猪长期卧地，高度消瘦，皮肤呈污红色，站立行走时歪歪倒倒（图 164），体温有时升高（40.5~41.5℃），继而又降到常温。一般常于数周后死亡，少数康复的猪变为长期带菌的僵猪。

图164　副伤寒患猪腹泻脱水，极度衰弱，走动时歪歪倒倒，耳、腹下出现淤血斑

（四）病理剖检变化　仔猪副伤寒较为特征性的病理剖检变化是大肠黏膜局灶性或弥漫性伪膜和溃疡，周围无堤状隆起。肝黄色样变或被膜下有灰黄色坏死点，有的病例胆囊黏膜有粟粒状结节。

1.急性型病例主要表现败血症变化，腹腔脏器表面附着有黄白色纤维蛋白状物，胃肠浆膜充血、出血（图165），肠滤泡增生（图166）；淋巴结肿大、呈紫红色（图167、图168），脾、肝、肾不同程度肿大，部分猪肾表面发紫、有出血点（图169）。

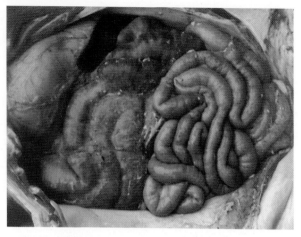

图165　猪霍乱沙门氏人工接种1月龄健康仔猪，接种第6天发病死亡，腹水增多，腹腔内有黄色纤维蛋白附着于胃肠浆膜和腹膜等处，脾肿大，肠充血发红

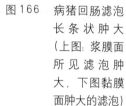
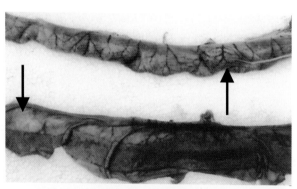

图166　病猪回肠滤泡长条状肿大（上图：浆膜面所见滤泡肿大，下图黏膜面肿大的滤泡）

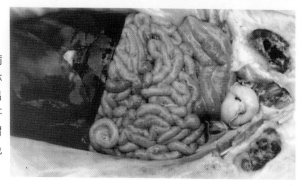

图167　急性副伤寒病猪，腹股沟淋巴结肿大出血。脾肿大，肝肿大、淤血，胃肠浆膜面白色纤维素附着

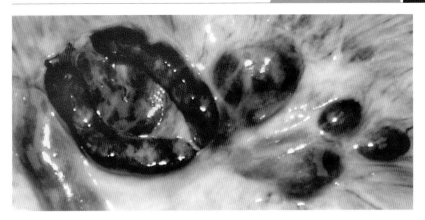

图168 病猪肠系膜淋巴结呈囊状肿大、出血

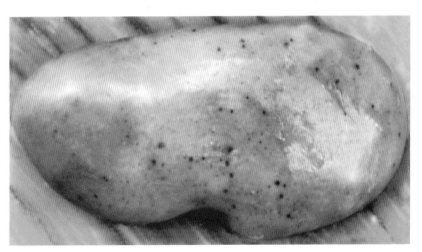

图169 病猪肾大片淤血、呈蓝紫色，其上有菜籽粒大出血

2.慢性型病例 主要病变在盲肠、结肠和回肠，特征性病变为坏死性肠炎（图170），肠壁增厚，黏膜上覆盖一层灰黄色或黄绿色麸皮样假膜（图171）。少数病例，淋巴滤泡初期肿胀隆起，以后坏死和溃疡，淋巴滤泡周围黏膜坏死、并稍突出表面，有纤维蛋白渗出物积聚，形成隐约可见的轮环状（图172）。肠系膜淋巴结索状肿大。有时，肝黄色样变或被膜下有灰黄色坏死小点、胆囊黏膜有粟粒状结节（图173、图174）。部分猪出现胃溃疡、坏死性肠炎（图175）。

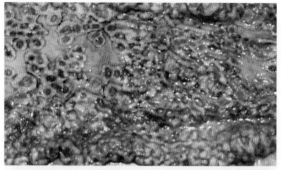

图170 坏死性结肠炎，肠
黏膜坏死、脱落，形
成火山口样溃疡灶

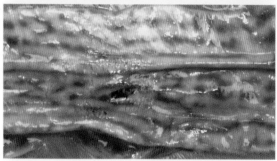

图171 病猪回肠黏膜上附
有一层浅表的黄色
麸状假膜

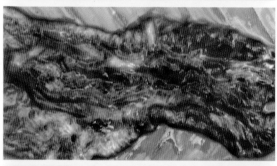

图172 病猪结肠黏膜出
血、坏死，局部附
有黄色假膜

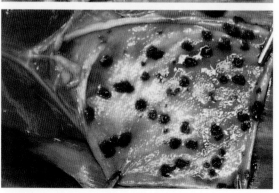

图173 胆囊黏膜溃烂，表
面棕黑色结痂

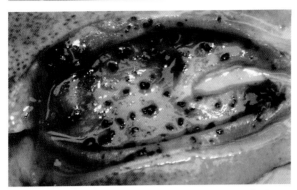

图174 病猪胆汁脓稠，胆黏膜上散在芝麻粒大棕色溃烂灶和结痂

（五）诊断 慢性型仔猪副伤寒的临床症状及病理剖检变化极为典型，不难诊断。但急性型很像猪瘟、败血型猪丹毒，诊断极为困难，须做病原分离。该病易与猪瘟混合感染，应注意鉴别。

（六）防治 预防本病重在饲养管理和环境卫生，增强仔猪的抵抗力；应用猪副伤寒苗免疫20～30日龄的仔猪。治疗可选用长效土

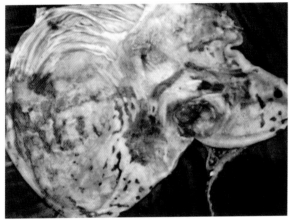

图175 病猪胃黏膜出血、溃疡

霉素、卡那霉素、庆大霉素及磺胺类药物。但应注意产生抗药性，在大量发病时最好先做药敏试验，以使用最敏感的药物。

四、猪传染性胃肠炎与猪流行性腹泻

猪传染性胃肠炎与猪流行性腹泻都是由冠状病毒引起的急性、高度传染性的腹泻病。两病的发病机理、流行特点、临床表现和病理剖检变化也极为相似，很难鉴别，所以把两病放在一起论述更简便、易懂。临床以呕吐、腹泻、脱水为特征。

（一）流行特点 两病可发生于各种品种、年龄、性别的猪，但主要在仔猪中流行，年龄越小，发病率和病死率越高，2周龄以下仔猪发病死亡率高；3周龄以上仔猪发病死亡率低；断奶猪、育肥猪和成年猪发病取

良性经过，多自然康复。

两病全年均可发生，但以冬、春寒冷时多发，主要在11月份至第二年4月份，尤其在12月份、1月份多发，特别是寒冷季节到来之初、气候突然变冷时猪就发病。

在新发病猪群，发病率可达100%，待发过病的猪逐步淘汰，未发过病的猪补群时，可能会有新一轮病暴发。这样一个猪场中两种病会周而复始、延绵不断地发生。在老疫区则呈地方性流行或间歇性地方性流行，常只限于在6日龄到断奶后2周的仔猪发生，而且发病和死亡率都较新疫区低。

病猪和带毒猪是两病的主要传染源，可从粪便、呕吐物、乳、鼻液和呼出的气体排毒，污染环境。传播途径可能是运输工具、衣服、鞋子等，犬、猫、飞鸟和老鼠也可以传播。

（二）临床症状 两病的潜伏期很短，一般为15～30小时，有时延长到2～3天。发病时，一般肥育猪首先出现临床症状，传播迅速，很快蔓延到断奶猪、妊娠母猪、产仔母猪和哺乳仔猪，数日可传至全群发病。共同的症状是：发病开始时厌食，以后腹泻，并以水样粪、喷射状泻出，猪舍四周墙上和地面上沾满了水样粪，有一股特别的臭味，患猪口渴（图176）。大猪一般7～10天自行康复，但抵抗力弱的猪和有

图176　猪流行性腹泻病猪拉在地上的水样粪，病猪口渴、饮水

并发症的猪会死亡。病猪除腹泻外，往往呕吐。

传染性胃肠炎的症状比猪流行性腹泻要重一些。由于年龄不同，表现的症状也有些不同。

1.哺乳仔猪　往往在吃乳后突然发生呕吐（图177），接着就出现频繁的腹泻，粪便极稀，为灰黄色、绿色或灰白色，喷射状排出，后期略带褐色，常夹有未消化的凝乳块并带恶臭气。精神萎靡，被毛粗乱，战栗，减少吃乳次数或不吃乳，口渴，迅速脱水、消瘦，衰竭死亡，日龄

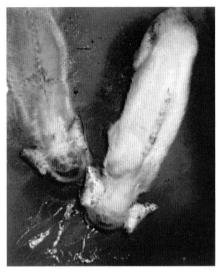

图177 患传染性胃肠炎的仔猪在呕吐

越小，越易死亡。耐过不死者成为僵猪。

2.架子猪、育肥猪　发病率高，突然发生水样腹泻，粪便呈灰色或褐色，日渐消瘦，体重减轻，很少死亡，1周左右自然康复。

3.哺乳母猪　常与仔猪一起发病，食欲不振，有的呕吐、腹泻、体温升高、泌乳量减少或无乳。

4.公、母猪　多为隐性感染，少数感染后排软粪或轻度腹泻，有的母猪流产。

（三）病理剖检变化　剖检哺乳仔猪，主要病变是胃胀满、滞留有未消化的凝乳团块，胃底黏膜充血，小肠内充满黄绿色或灰白色液体，夹有气泡和凝乳块，肠壁变薄呈半透明。肠淋巴结水肿。常见肾脏浊肿、色土黄。猪传染性胃肠炎可能在肺部出现炎症。

（四）诊断　依据所有猪发病、传播迅速、主要表现水泻和呕吐、大猪一般不死、日龄越小死亡率越高、病变主要在肠道等流行特点、临床症状和病理剖检变化可作出初诊。

注意与轮状病毒病鉴别：7日龄以内猪发病死亡的往往是两病；7日龄以内猪不发病、而在13～39日龄仔猪发病的一般为轮状病毒病。

辅助诊断方法：

（1）绒毛萎缩　在普通显微镜下观察，绒毛缩短，这是特征性病变。

（2）粪便酸性　细菌性腹泻（如大肠杆菌）的粪便一般为碱性，病毒性腹泻的粪便为酸性，可用 pH 试纸检测。

确诊需进行实验室诊断。血清学试验简便、准确，常用方法有间接血凝试验和酶联免疫吸附试验。用发病乳猪的小肠做荧光抗体检查快而准确。

（五）防制

（1）预防两病的原则　实行全进全出，加强饲养管理，提高猪群健康水平，增强猪体的抵抗力；搞好厩舍及环境卫生，防止潮湿，强化消毒，保持舍内空气新鲜，综合预防此病发生；

（2）制作自家苗免疫　自家苗的制作方法要点：用急性感染猪的小肠制作成浆，一头猪小肠浆加水 2 500 毫升，加适量双抗，喂产前 3 周的母猪，每头母猪喂 125 毫升（一头猪的肠浆喂 20 头母猪）。小肠浆可以冰冻保存，需用时加水即可；

（3）鸡新城疫Ⅰ系苗　500 羽，加生理盐水 30 毫升，大猪 1.5 毫升、中猪 1.0 毫升、小猪 0.8 毫升，所有猪交巢穴注射；

（4）病毒专家　（主要成分为盐酸大观霉素、盐酸克林霉素、盐酸利巴韦林）100 克，加水 60 千克，给所有猪饮水；

（5）病毒专家水 1 千克，口服补液盐 20 克，给发病猪饮水；

（6）彻底打扫猪舍及环境卫生，用碘类消毒药按发生传染病时的用药浓度，厩舍带猪消毒及环境消毒。

五、猪轮状病毒病

猪轮状病毒病是由轮状病毒引起的仔猪急性胃肠道传染病，临床以厌食、呕吐、腹泻和脱水为主要特征。本病除仔猪外还可引起犊牛、羔羊、幼驹、幼兔等幼龄动物及婴儿的急性胃肠炎。

（一）流行特点　本病以 10～28 日龄仔猪最易感，并有明显的腹泻，但死亡率低；一般都在早春、晚秋寒冷时发生，多为散发，偶见爆发流行；当厩舍卫生不好，又突然改变饲料时最易发病。

轮状病毒主要存在于病畜及隐性感染畜的肠道内，随粪便排出，污染环境，经消化道感染健畜。

（二）临床症状　本病的潜伏期一般为 2～4 天，各种品种、年龄的猪都可感染，但以2~6周龄仔猪发病较多。发病之初表现食欲差、不愿走动、呕吐，随之出现腹泻，粪便为黄色、灰色或黑色，呈水样或糊状、腥臭。腹泻可持续4~8天，少数达10天以上，严重脱水，体重可损失1/3左右。初生仔猪患病，病死率较高；3~8周龄仔猪患病，病死率一般为10%~30%；成年猪多为隐性感染。

（三）**病理剖检变化**　主要剖检变化在消化道：胃弛缓、充满凝乳块和乳汁；空肠、回肠肠管壁菲薄、呈半透明；结肠和盲肠多膨胀；肠内容物为液状，呈灰黄色或灰黑色。

（四）**诊断**　根据临床及病理剖检变化可做出初步诊断。进一步诊断可进行凝集反应、酶联免疫吸附试验。确诊必须进行病原分离鉴定。

（五）**防制**　方法基本与猪传染性胃肠炎相似。

六、仔猪红痢

仔猪红痢是由魏氏梭菌引起的仔猪的一种急性肠道传染病，又称仔猪梭菌性肠炎或称仔猪传染性坏死性肠炎。以腹泻、排血样粪便、肠黏膜坏死为特征。

（一）**病原**　本病的病原为魏氏梭菌，又称产气荚膜梭菌。该菌是革兰氏阳性、两端钝圆的大杆菌，能形成芽孢，有荚膜，单个、成双或短链排列。为专性厌氧菌。该菌广泛存在于外界环境中，根据其产生的毒素分为A、B、C、D、E 5个血清型，本病主要由C型和A型魏氏梭菌引起，该菌能产生内毒素和外毒素等，引起仔猪肠毒血症和坏死性肠炎。一般消毒药能杀死该菌繁殖体，但芽孢抵抗力较强。

（二）**流行特点**　魏氏梭菌易感范围很广泛，除猪外，牛、羊、马、鸡、鹿也易感。对于猪来说，1~3日龄的仔猪最易感，1周以上仔猪很少发病，但偶尔也见2~4周龄及断奶仔猪发病的。在同一群猪中，各窝仔猪的发病率不一样，可高达100%，病死率为20%~70%。

（三）**临床症状**　本病按发病的急慢程度分为4个型：

1.**最急性型**　最急性患病仔猪拉血粪，常于出生当天或第2天死亡。

2.**急性型**　急性型患病仔猪排出红褐色液状粪便，粪中混有灰色坏死组织碎片，猪体虚弱，一般在3日龄死亡。

3.**亚急性型**　食欲不振，呈现持续的非出血性腹泻，初排黄色软粪，以后粪便如淘米水样，内含灰色坏死组织碎片，消瘦脱水，一般在5～7日龄死亡。

4.慢性型　呈间歇性或持续性腹泻，粪便呈灰黄色黏液状便。生长缓慢，数周后死亡。

（四）病理剖检变化 本病的病理变化主要在空肠，空肠呈暗红色，肠腔充满含血粪便，绒毛坏死，黏膜层和黏膜下层弥漫性出血（图178）。肠系膜淋巴结肿大呈鲜红色。慢性病例的肠道出血不明显，而以坏死性炎症为主，肠壁变厚，黏膜呈黄色或灰色坏死性假膜，易剥离。在坏死性炎症肠段的浆膜下有很多密集的小气泡，肠系膜也有大小不一的气泡，充血的肠系膜淋巴结中有数量不等的小气泡，这是特征性的变化（图179）。心外膜、膀胱黏膜出血。

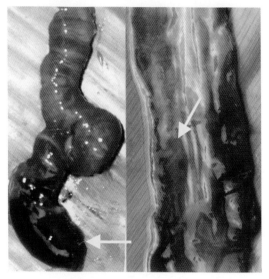

图178　红痢患猪肠黏膜弥漫性出血，呈鲜红色，肠壁变厚，一段肠黏膜出血、坏死

（五）诊断 根据本病的流行特点、临床症状、病理剖检变化特点可作出初步诊断，确诊需分离病原菌。

（六）防治 本病关键在于预防，一旦发病很难治疗、也来不及治疗。预防重在加强防疫卫生和消毒工作，特别是产前母猪体表和产床的卫生

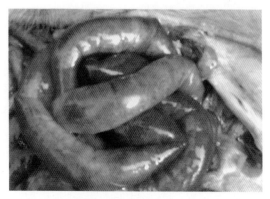

图179　红痢患猪空肠呈暗红色，内有大量气体，浆膜下有很多小气泡，肠内容物含血，肠系膜淋巴结呈紫红色

消毒。对已有本病存在的猪场，定期给母猪免疫接种仔猪红痢菌苗。仔猪刚生下就预防性投给抗菌药物。如氟苯尼考、庆大霉素等。

七、仔猪渗出性皮炎

仔猪渗出性皮炎是由一种葡萄球菌（StapHylococcus hyicus）引起的哺乳仔猪和刚断奶小猪的一种急性传染病，传染极快，患猪以全身油脂样渗出性皮炎为特征，可导致腹水和死亡。

（一）流行情况 世界上大多数国家的哺乳仔猪和断奶小猪都有渗出性皮炎，发病率在10%～90%之间，死亡率在5%～90%之间。2001年4月，云南省一个县级种猪场共产仔133窝，活仔1 223头，发生渗出性皮炎的仔猪有15窝，占13.3%，病猪113头，占9.2%。由于多数猪全身感染后才被确诊，多方治疗无效，死亡98头，致死率为86.7%。10月又一个种猪场发生渗出性皮炎，当时，这个场的产房内有哺乳仔猪88窝、687头仔猪，其中，有9窝67头仔猪染上渗出性皮炎，按窝计占10.2%，按仔猪头数计占9.8%。此次病发现得早，每天用来苏儿清洗、并严格消毒栏舍，该病很快得到控制。2002年2月4日立春，天气突然变暖，哺乳仔猪渗出性皮炎也突然增多，立春前只有2窝仔猪中的个别发病，立春后才3天，到2月7日，72窝、667头哺乳仔猪中渗出性皮炎增加到31窝、277头，按窝计占43.1%、按头计占19.0%，31窝仔猪共277头，发病率高达45.8%。"突然一夜春风动，渗出性皮炎就传开"，该病似与气候变暖有关。

（二）发病原因 仔猪皮肤薄似一层纸，病原体存在时，初生仔猪不剪针状牙、仔猪打斗造成皮肤损伤；产床、保育笼上的尖锐物擦伤皮肤，受细菌感染都是仔猪渗出性皮炎发生的主要原因，另外，打耳缺也常造成耳部渗出性皮炎。只要有一头仔猪发病，同一窝仔猪可在短时间内相继发病，传播迅速，主要为接触感染。

（三）临床症状 仔猪在很小的日龄就易感染本病，最早见于2日龄，1～4周龄最易感。多在头部、嘴边、眼、耳朵周围先感染，刚开始皮肤发红，出现红褐色疹点，很快就发展到全身（图180、图181）。此时，体温中度升高，一般在40.0℃左右。继而皮肤上出现黄褐色脂性渗出物，皮肤由红变成铜色、黑色，触摸皮肤皮温升高、湿度增大，有油腻感。因脂性渗出物和皮垢、被毛、尘埃胶着，发出恶臭味，表皮增厚、干燥、龟裂，全身皱缩（图182），体表淋巴肿大。当痂皮脱落后，露出红肿的缺损（图183）。此时，病猪呼吸困难、衰弱、少食或不食，便秘或腹泻，最后出现脱水而死亡，死亡率高达90%以上。有的病猪呈最急性经过，当皮肤上出现红色疹点时，红点变为斑点，可发展为水疱或脓疱。

慢性病例多见于10周龄至5月龄和成年猪，皮肤损伤的部位多在头、面、背及臀部。

皮肤无论发生什么程度的炎症，无瘙痒表现，一般无高热是其特征。

（四）病理剖检变化 尸体消瘦脱水，皮肤发红，皮肤和皮下出现清亮的渗出物，刮皮肤可剥离下一层薄薄的皮，外周淋巴结通常水肿、切面多汁，有的病例出现肾盂及肾小管的损伤。

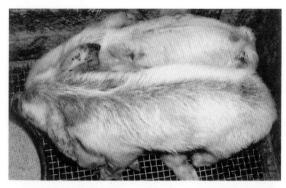

图180 患猪耳上散在红褐色疹点，皮肤发红、潮湿、油腻

图181 患猪耳、背皮肤上布满褐色疹点，皮肤油腻

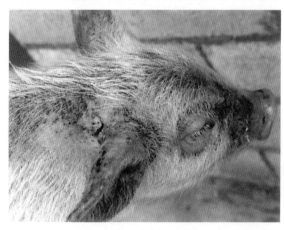

图182 患猪皮炎部出现黄褐色脂性渗出物，皮肤由红变成铜色、黑色，湿度大，有油腻感

图183 患猪皮炎部酸败发臭，痂皮脱落，露出红肿的皮肤

（五）诊断 通常依据临床症状，特别是全身油脂样渗出性皮炎、不发痒、不发高热的特征可作出诊断。必要时在患部皮肤刮取物（刮到见血）涂片，染色镜检，可发现葡萄球菌，还能见到中性分叶核吞噬菌体，即可确诊。

（六）防治 猪舍、猪体、产床的卫生，产床光滑无破损，剪掉初生仔猪针状牙，防止仔猪打斗损伤皮肤等是预防仔猪渗出性皮炎的根本措施。喷洒皮肤消毒剂，如氯二甲苯酚可避免因争斗引起渗出性皮炎。

仔猪渗出性皮炎的治疗，关键在一个"早"字，如果早发现，个别仔猪感染、感染部位面积小时，应用阿莫西林、土霉素或增效磺胺拌料或饮水，再用来苏儿等消毒药水擦洗，每天一次，擦破感染部位，加之产床、厩舍消毒，很易把该病控制住。一旦全窝仔猪感染，个体全身感染，治疗就很难了。

八、仔猪水肿病

仔猪水肿病是由溶血性大肠杆菌的毒素引起小猪的一种急性、致死性传染病。特征为头部、胃壁水肿、共济失调和麻痹。

（一）流行特点 本病常发于断奶前后的仔猪，发病最小者见于3日龄、大者3～5月龄。春季和秋季多发，呈地方性流行，但常局限于某些猪群，发病率为10%～35%，有时整窝猪突然全部发病，且死亡率高；有时仅有1～2头发病。健壮和生长快的仔猪先发病、发病多。传染原为带菌母猪或病猪，由粪便排出病菌，通过消化道而感染。

（二）临床症状 突然发病，沉郁，头部水肿，共济失调，惊厥，局部或全身麻痹。多数病猪先在眼睑、脸部、颈部、肛门四周和腹下发生水肿，此为本病的特征（图184、图185）。有的病猪做圆圈运动或盲目运动，共济失调；有时侧卧，四肢游泳状抽搐，触之敏感，发出呻吟或嘶哑的叫声；有的前肢或后肢麻痹，不能站立。病程长短不一，从几小时到几天不等，病死率在90%左右。

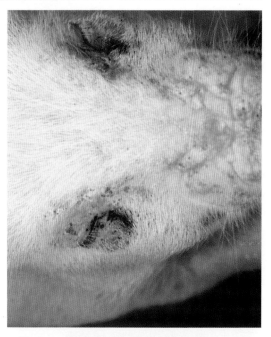

图184　患病仔猪头和眼睑水肿

（三）病理剖检变化

剖检所见病变主要是水肿：面部皮下和眼睑皮下有淡黄色胶冻样水肿；胃壁水肿常见于大弯部和贲门部，在胃的黏膜层和肌层之间有一层胶冻样浸润，严重的厚达2～3厘米（图186），胃底黏膜有弥散性出血；胆囊壁和喉头周围也常有水肿；肠系膜也常有水肿、肿胀变厚且透亮、切面呈胶冻样；肠系膜淋巴结水肿；肾包囊水肿、髓质有时出血。小肠黏膜常见弥散性出血。

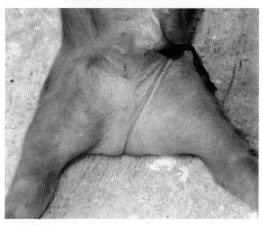

图185　发病仔猪股内侧皮肤水肿、波动、发亮

心包和胸腹腔常有积液。有的病例没有水肿变化，但内脏出血和肠黏膜出血明显。

（四）诊断　根据流行特点、临床症状和病理剖检变化特征可做出初

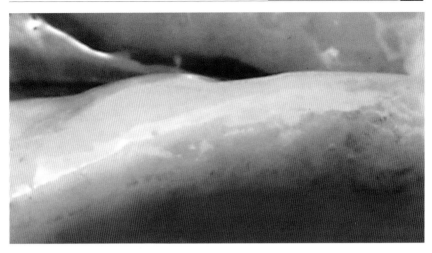

图 186 患病仔猪胃壁水肿

步诊断。确诊需分离病原性大肠杆菌并做血清型鉴定。

（五）防治 本病的防治原则是：预防为主，抗菌素治本，利尿利水、消炎消肿治标。①对生长特快的仔猪，可在15日龄左右肌注亚硒酸纳维生素E；② 30%氟苯尼考，每千克体重0.2毫升，肌肉注射；③硫酸钠15～25克，加适量温水内服（早期使用）；④ 50%葡萄糖液20～40毫升或20%甘露醇50～100毫升或25%山梨醇50～100毫升静脉注射。

九、猪脓疱性皮炎

脓疱性皮炎是仔猪的一种化脓性、坏死性皮炎，病原主要是C群链球菌。继发感染或混合感染时猪葡萄球菌、化脓棒状杆菌和猪疏螺旋体都可成为病原。新生至断乳前乳猪多发，本病可直接由母猪传染给新生仔猪，也可通过擦伤的皮肤或剪耳缺、断尾或咬伤等传播。新的、粗糙的水泥地板能损伤仔猪的皮肤从而引起链球菌感染，卫生条件差的猪舍更易促成本病发生。

脓疱性皮炎最初病变是皮肤出现红斑，随之在腹股沟区、腋下和前肢内侧、腹下部、耳等处出现扁平脓疱，脓疱四周皮肤发炎变红（图187、图188），脓疱从中央或中央靠边处破溃结痂（图189）。脓疱边破溃、边结痂、边向四周扩展，病灶逐渐增大，一些脓疱则呈同心圆环形结痂（图

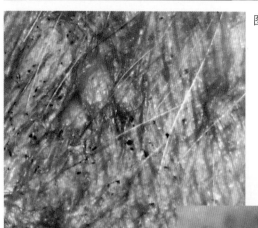

图187　患猪皮肤初起脓疱，脓
　　　　疱四周发红

图188　脓疱多为扁平
　　　　状，四周皮肤
　　　　发炎变红

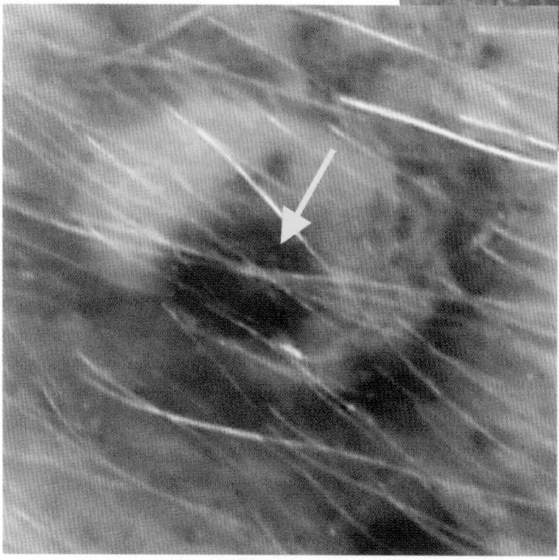

图189　脓疱破溃结痂

190）。患部旧的脓疱已结痂，新的脓疱又在旁边出现（图191），同心圆环形结痂重叠、融合，患部扩大。痂皮脱落后新皮呈红色，渐渐变为灰黄色，成为老皮（图192、图193）。保育猪发生脓疱性皮炎时，所产生的脓疱往往是全身性的（图194）。

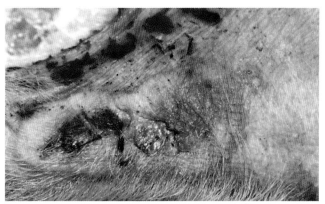

图 190 脓疱呈同心圆环形结痂，或边破溃，边结痂、边增大

图 191 患部旧的脓疱已结痂，新的脓疱又在旁边出现

图192　耳部同心圆环形结痂、
　　　　融合、痂皮脱落时，留
　　　　下红色斑块

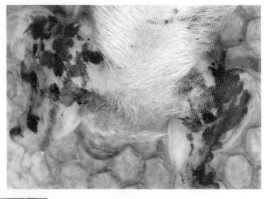

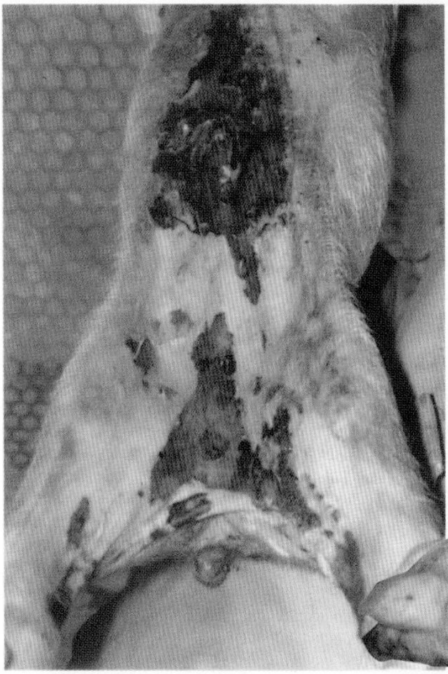

图193　患猪脐部一个大同
　　　　心圆环形结痂，痂
　　　　皮脱落后皮肤已变
　　　　成黄红色

出现脓疱性皮炎患猪后，要立即隔离，移入清洁卫生的猪舍内，每天用无刺激性的消毒药液擦洗患部，尽量把脓疱擦破。如果体温升高时肌注抗生素。

图194　全身出现脓疱

十、新生仔猪低血糖症

新生仔猪由于血糖低于正常值，而引起中枢神经系统活动障碍所表现的一系列症状，叫新生仔猪低血糖症，这是一种营养代谢性疾病。死亡率较高。

（一）病因 本病主要发生于妊娠期发育不良、肝糖原贮存不足而产下的弱仔，或吮乳不足的新生仔猪、母猪缺乳或无乳、仔猪生病、哺乳减少和糖吸收障碍的仔猪。血糖低使脑组织代谢所需糖不足，影响大脑以及间脑、中脑、桥脑及延脑功能而引发本病。

（二）临床症状 病乳猪初期步态不稳，心跳加快，呈阵发性神径症状，发抖、抽搐；后期四肢疲软无力，呈昏睡状态，心跳变弱而慢，体温低。血糖下降到5～50毫克／100毫升（正常值为90毫克／毫升）。

（三）防治 仔猪刚生下时凡是初生重低于900克的，立即口服10%的葡萄糖10～20毫升，可以防止低血糖发生。要特别注意，只能服葡萄糖、不能服白糖，因新生仔猪服白糖后易发生拉稀。

发现病猪时立即用5%或10%的葡萄糖20～40毫升，腹腔注射，隔3～4小时再注射一次，可以取得很好的效果。也可以口腹10%的葡萄糖10～20毫升，每天内服4～6次。

十一、猪先天性震颤

猪先天性震颤是由先天性震颤病毒引起初生仔猪全身或局部肌肉阵发性震颤的一种征候群，俗称"抖抖病"。

（一）病原 1979年德国科学家从先天性震颤的病猪中分离获得先天性震颤病毒，该病毒的分类地位目前尚未确定。

（二）流行情况 1854年德国首次报道疑似病发生，1979年分离获得病原。1962年罗清生首次报道我国有本病，世界上很多国家都有本病的报道。

从流行病学看，本病有以下特点：①本病一般由引进种猪带入，各种品种的猪都易感，其中初产母猪比经产母猪易感；②本病主要由带毒公猪传播，造成垂直感染；③带入本病的猪场，在某一段时间内（一般为1周至2月）生产的几窝乃至几十窝仔猪中出现抖抖病，然后该病又消失，相邻的猪场一般也不受感染。产出抖抖病的母猪，下一胎也很少再出现抖抖病猪，因此，该病一般不会形成地方性流行。猪群中出现抖抖病以后，只有经4个月以上时间再没有病例出现，才可能被看做安全，否则存在潜伏感染。

有一个猪场 2004 年 4 月跨省引进种猪（约克、长白、杜洛克），当年 12 月 11 日引进的猪开始产仔，到 2005 年 2 月 16 日的 67 天内，引进猪和本场的产仔母猪中都未出现抖抖病，2 月 17 日引进的一头母猪产出的 11 头仔猪全部出现抖抖病，从此，在引进猪和本场的产仔母猪中开始断断续续地出现抖抖病，2 月 17 日至 5 月 3 日共产仔 145 窝，其中有 20 窝仔猪出现抖抖病，占产仔窝数的 13%。这 20 窝仔猪共有 178 头活仔，有 148 头出现抖抖病，占总仔猪数的 83%。这 20 窝抖抖病仔猪父系记录清楚的有 18 窝，就有 16 窝是由引进公猪配的，占 88%，这 16 窝中有 10 窝又是同 1 头公猪的后代。

（三）临床症状　患病仔猪一般是刚生下、擦干身上的黏液后就出现震颤，骨骼肌阵挛性收缩，轻者头部、肋部或后躯局部震颤，重者全身猛烈性震颤，全身震颤的猪，总有某一部位（头、后躯）震颤得特别厉害，震颤的最高频率达到每分钟 180 次之多。仔猪震颤时常常发出尖叫声，特别是听到母猪放乳时发出的呼唤声、仔猪抢乳时的叫声，震颤频率会大大加快，全身震颤加剧，不能迈步，尖叫声更惨烈，震颤似跳跃。头部剧烈震颤时，仔猪无法含住乳头，人为地把乳头塞进口里也含不住，随着震颤乳头又会从口中脱离；后躯震颤特别厉害时，仔猪站着，如同在快速地跳"踢踏舞"，坐着，由于强烈的震频，阴部、尾部与保温箱和产床底部频频磨擦，会变得通红、发紫，甚至坏死。只有仔猪在睡觉时，震颤会轻微些。

由于震颤仔猪无法吃乳、特别是无法吃到初乳，如果饲养员不特别地精心护理，让仔猪吃上或把初乳和常乳挤出灌服的话，2～3 天内就会饿死。如果仔猪能吃上初乳和常乳，随着时间的推移，震颤会由强逐渐变弱，10 天、半月、最多 1 个月震颤就会消失。

（四）病理剖检变化　震颤仔猪或饿死的震颤仔猪病理剖检时一般无特别的眼观病变。

（五）诊断　根据发病经过和独特、典型的临床症状，可作出诊断。

（六）防治　本病无特异性防治方法，只有在引种时多加注意，不从有抖抖病的种猪场引进种猪。有抖抖病的种猪场，不应在抖抖病猪的一窝仔猪中选留公、母猪。

仔猪发生抖抖病时，最重要的是对患猪精心护理，当患猪无法含住乳头、不能吃乳时，要挤乳（特别是初乳）灌服。也可适当加喂10%葡萄糖、多维、人工乳，只要不让仔猪饿着，随着病程的延长，震颤会减轻、消失。

使用多种镇静剂对症治疗抖抖病猪，都没有效果。

第六节 常发病、多发病

一、猪链球菌病

猪链球菌病是由C、D、E、L等血清型链球菌（Streptococcus）引起猪多种疾病的总称。链球菌病是人畜共患病，有重要的公共卫生意义。

（一）病原 猪链球菌在猪上呼吸道（扁桃体和呼吸道内）是最常见的定居菌，是C、D、E、L等血清学链球菌的总称，它有37个群，每个群又分5个种，以溶血性链球菌引起的败血性链球菌病危害最大。

（二）流行情况 各种年龄的猪都可感染，表现出不同类型的症状。由于链球菌是致病性细菌，在自然界中分布很广，多寄生于动物和人体内，引起动物和人的化脓性疾病、败血症等。2005年6月下旬至7月28日，四川省资阳市雁江、简阳、乐至等和内江市资中县等4个区、18个乡镇、22个村的散养猪户中发生猪链球菌病，死亡生猪469头，山羊1只。因宰杀、加工链球菌病死猪，人感染发病152例，表现急、高热，伴有头痛等全身中毒症状，重者出现中毒性休克，脑膜炎等症状，死亡31人。

本病流行无明显季节性，一年四季均可发生，但以夏、秋季5～11月发病较多，潮湿闷热的天气多发。大、小猪均可感染，哺乳仔猪的发病率和死亡率较高，中猪次之，大猪少发。有时呈地方性流行。

（三）临床症状与病理变化 潜伏期1～3天或稍长。根据发病的部位、病变情况以及病程分为败血型、心内膜炎型、脑膜脑炎型、关节炎型、化脓性淋巴结炎型。

1.**败血型** 常呈暴发性流行，以成年猪多发，最急性发生、突然死亡。病程稍长的病猪，体温升高达40.5～42.0℃，耳、颈、腹下等皮肤上出现紫红色斑，少数病猪出现多发性关节炎或共济失调、昏睡等神经症状。死后剖检呈败血症变化和全身浆膜炎变化。

2.心内膜炎型　多发生于仔猪。生前不易发现，突然死亡或呼吸困难，皮肤苍白或体表发绀，很快死亡。

3.脑膜脑炎型　该型多发生于哺乳仔猪，发病率和死亡率高。病初体温升高，显热性病症，继而出现神经症状。有的病猪出现多发性关节炎，脚出现异常，拐、拖、跪、爬；呼吸急促，严重者腹式呼吸；表现出肺炎症状，不吮乳、不吃料、叫声嘶哑、步态不稳、转圈、空嚼、磨牙；继而出现后肢麻痹、前肢爬行、四肢游泳状划动或昏迷不醒、运动障碍等症状，一般在几个小时或1～2天死亡。耐过不死者，一个或几个关节肿胀，表现痛感、化脓、跛行或不能站立，成为残废猪。死后剖检主要是脑膜充血、出血。

4.关节炎型　病猪发生一个或多个关节肿胀，肿胀部位先硬、后在局部发生小点状破溃，流出血性、脓性渗出物，形成深入关节腔的瘘管（图195、图196、图197）。剖检除关节瘘管坏死外，有的病猪还可见到心内膜炎。

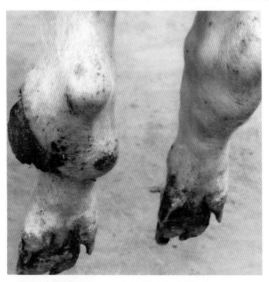

图195　患猪两跗关节周围多处出现链球性脓肿

5.化脓性淋巴结炎型　主要见于颌下淋巴结、咽部和颈部的淋巴结，受到浸害的淋巴结高度肿胀，坚硬有热痛感，影响吞咽和呼吸，严重者肿胀部软化、破溃，流出脓汁。

（四）诊断　除败血型外，其他型的链球菌病，根据其特有的症状和病变，诊断并不困难，必要时可在患部涂片、染色、镜检，菌体为球形或卵圆形，呈链状排列。

（五）防治　①用链球菌苗预防接种。②阿莫西林等抗菌素和磺胺类

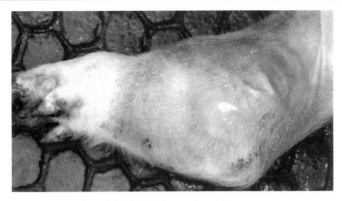

图 196 患猪链球菌性关节炎——红、肿

图 197 患猪链球菌性关节炎，脓肿破溃，形成多个瘘管

药物在链球菌病初期都有效果，可以选择较好的药物，及早治疗。只要不在关节上的肿块，待软化时外科手术，常规清创治疗，都能治愈。在关节上的肿胀，形成瘘管、关节变形后，治愈就十分困难，还是尽早淘汰为宜。

二、猪化脓性放线菌病

猪化脓性放线菌病是由化脓性放线菌（1986年前称化脓性棒状杆菌）所引起的一种接触性传染病，以形成化脓性病灶或干酪性病变为特征。

（一）病原 猪化脓性放线菌为革兰氏阳性菌，菌体直或微弯曲，经常呈一端较粗大的棍棒状，也有呈长丝状或分支状的。能产生外毒素、毒力很强。本菌是一种常在菌，广泛存在于猪体表和呼吸道。在发生猪化脓性放线菌病时，E群链球菌、葡萄球菌都有可能参与作用。

（二）发病特点　①本病可发生于各种年龄的猪，但以保育猪和架子猪最易感；②本病一年四季均可发生，但以气候多变的春、秋季多发；③本病通常通过外伤感染，也可由消化道感染；图13那头化脓性脊柱炎的病猪就是因尾被咬伤后而感染化脓性放线菌引起的；④在饲养管理不好、营养不良、气候突变、应激等造成机体抵抗力下降时，自然存在于猪体的化脓性放线菌就会感染发病。

（三）临床症状和病理剖检变化　本病以形成脓肿或化脓性病灶为特征，在猪的各组织和器官、特别是体表各处都有可能发生，由于化脓性炎症发生的部位不同，临床表现也不尽相同。

1.体表脓肿　在体表浅层发生脓肿是猪化脓性放线菌病最常见的类型，在体表不同部位出现大小不等的肿块，肿块一般先是硬的、发红，触之有热、痛感，肿块可由鸡蛋大发展到拳头大乃至小儿头大（图198等）。有的肿块上有多个凸出的"头"，所谓'头'就是肿块自然破溃流脓之处，图198中那头杜洛克猪的两边颈部都长有大脓肿，大脓肿上就有多个"头"。脓肿"成熟"时发软，有波动感（图199），自然破溃或手术切开

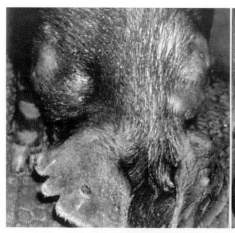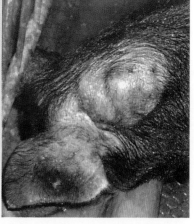

图198　颈部两侧的化脓性放线菌肿、硬、发红、有痛感，多个肿块融合

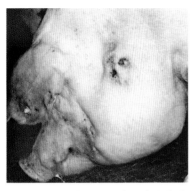

图199 患猪颌下化脓性放线菌肿,有波动感,手术切开时,流出大量灰白色污浊的脓汁

时有大量坏死组织,一般无特别的恶臭气味。

在体表脓肿中有一型专长在鼻部,这一型主要发生于临近断奶的仔猪和保育猪,侵害鼻部。发病率以保育猪总数计在4%左右,以栏计病猪占40%以上。在患猪鼻孔外侧发生肿胀,肿胀部先是发红、发亮、坚硬,最后软化(图200、图201)。病猪体温基本正常,个别稍高,食欲也正常。除肿块外,可见鼻流浆液性鼻液,肿块特别大时,压迫鼻孔,进出气困难。剖检发现,肿块位

图200 鼻部化脓性放线菌肿,肿块发红、硬

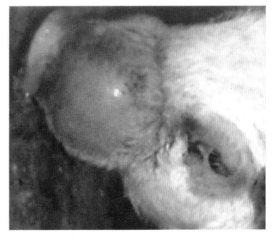

图201 脓块有波动感

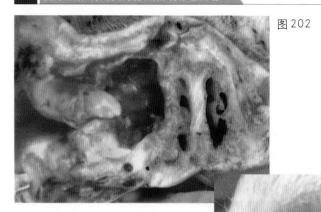

图202 患猪右侧鼻部脓肿切面：皮下脓肿压迫鼻腔，鼻道已变窄。脓腔内充满黄绿色脓汁，挤出脓汁后呈一大洞，患部皮肤增厚。脓腔周围有一层厚的脓膜

图203 患猪眼睑上的化脓性放线菌肿

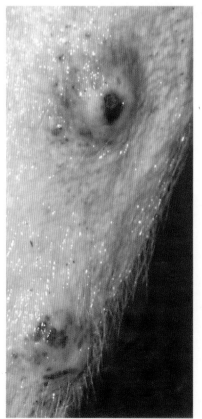

于皮下，患部皮肤增厚，皮下组织坏死，内为脓腔，充满黄绿色浓稠的脓汁，发臭（图202）。有的患猪体表多处发生脓肿，眼睑、前肢内侧、阴户等处都会发生（图203、图204、图205）。图206那头猪体表脓肿数量达21个之多。

2.子宫内膜炎或尿道炎 由猪化脓性放线菌引起的子宫内膜炎或尿道

图204 患猪前肢内侧的化脓性放线菌肿

图205 患猪外阴部创伤后,感
染化脓性放线菌形成
的脓肿

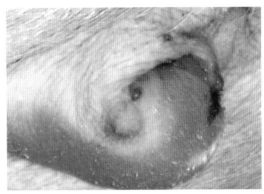

图206 患处体表多处发生的
化脓性放线菌脓肿

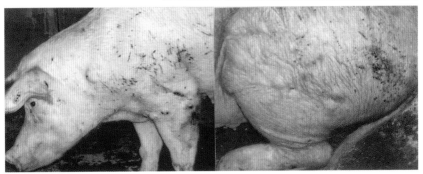

炎是经产母猪多发病,危害极大,在母猪
泌尿生殖道感染中论述。

　　3.化脓性脊柱炎 化脓性脊柱炎在集
约化猪场的保育、生长猪中最易发生,这
是由于集约化饲养保育、生长猪时密度
高,猪常发生咬尾,咬尾造成外伤后,猪
化脓性放线菌常常由伤口进入脊柱椎管而
引起化脓性脊柱炎。病初,患猪走动不灵
活,不愿活动,背腰僵硬,但这些表现常常
不被重视,只有在病情严重,病猪出现后
躯麻痹、瘫痪时,兽医们分析病因时才会

图207 患猪尾被咬伤,脊柱感染化脓放
线菌造成后躯麻痹、瘫痪

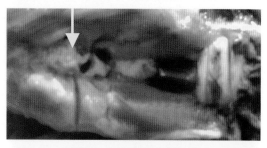

图208 患猪第6腰椎椎管内约5厘米的化脓灶

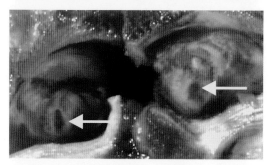

图209 患猪脊髓出血

图210 患猪第三腰椎上的化脓灶及干酪样脓汁

想到或剖检时才被发现。图207是一头长白公猪，正在保育，尾被咬伤后发炎、坏死，1个月后该猪后躯突然麻痹，站立不起，前肢拖着后躯，临床诊断为化脓性脊柱炎。该猪站立不起的第3天扑杀剖检，发现第6腰椎椎管内前后约5厘米长的一段开始化脓、坏死（图208），此处的脊髓出血、浊肿（图209）。第3腰椎处发现大片化脓灶，脓汁呈干酪样（图210）。肺表面有多个豌豆大、指头大的白色化脓灶，脓汁稠而硬（图211）。从中检出化脓性放线菌。

4.内脏脓肿 由猪化脓性放线菌引起的内脏脓肿最常见于肺脏、肝脏等处，脑、心包、肋胸膜上都会出现。肺脏有脓肿时肺表层常有多个绿豆大、豌豆大或指头大突出肺表面的白色脓肿，内有白色浓稠的脓汁，也有单个的大脓肿（图212）。肝脏上的脓肿则以单个的大脓肿为多（图213）。内脏脓肿往往是剖检时才被发现的。

5.化脓性关节炎 由猪化脓性放线菌引起的化脓性关节炎常与链球菌伴发感染，患猪关节肿大，触之有波动感，内有大量脓汁（图214），

图 211　患猪肺表面的脓肿

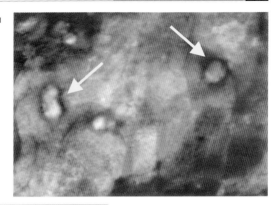

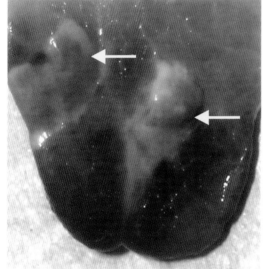

图212　患猪肺部的脓肿

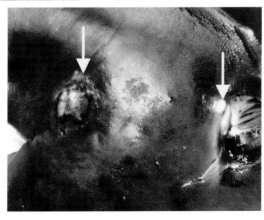

图 213　患猪肝上的两个脓肿
　　　　（左大、右小）

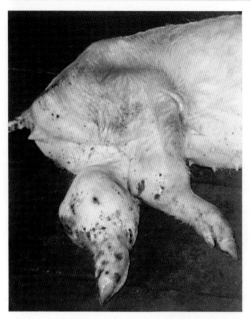

图214 患猪左后肢的化脓性关节炎

这一点是与由链球菌为主引起关节炎的区别。病猪出现运动困难、跛行等症状。

（四）诊断 根据本病出现的脓肿症状和剖检变化，结合发病特点可作出初步诊断。确诊可进行细菌检查，取化脓性病灶或脓汁涂片，革兰氏染色镜检，如发现大量一端粗大、呈棍棒状的革兰氏阳性菌即可确诊。

（五）防治 根据病原特点和发病途径要预防本病的发生，就要做好厩舍清洁消毒和保护猪体皮肤、黏膜不受损伤。发生脓肿并出现高温时，用抗菌素治疗，脓肿成熟后手术切开、排脓、清创、消炎一般可治愈。但要特别注意对手术场地、脓汁、污物认真清除，销毁、消毒。注射针头、注射部位要认真消毒，针头长度要能达到肌肉内。

三、猪应激综合征

猪应激综合征是指应激易感猪对应激原刺激过度敏感而发生的一种应激敏感综合征，所谓应激易感猪就是含有应激基因（氟烷基因）的猪。

（一）应激的危害 猪受到应激原刺激后，许多器官在形态和机能上都会发生异常，血液、尿液、酶、电解质、代谢产物和激素也都会发生变化，在肉质、生长、繁殖和死亡等方面引起的经济损失十分惊人，危害严重，造成疾病甚至死亡。猪的应激问题，特别是饲养管理（抓捕、转群、免疫注射、惊恐）和运输方面的应激问题是现代化、集约化养猪和兽医工作中不可忽视的大问题。引种或采购育肥仔猪时，长途运输必然会引起大小不等、强弱不一的应激反应，致使猪只抗病力下降，诱发或继发便秘、腹泻、体温升高、皮肤充血、出血为主要特征的疾病；猪舍温度升高达30.0℃以上，高温、高湿下猪体产生热应激，食欲减少、呼吸加快、心跳加速，可因呼吸困难而很快窒息死亡，重胎母猪可能发生流产、早产、产死胎。

总之，猪应激可导致繁殖障碍，生长发育受阻，发病率和病死率增高，生产水平下降，遭受经济损失。

（二）应激易感猪 产肉多、瘦肉率高的品种多为应激易感猪，如皮特兰、长白及其杂交后代，其中，以体矮、肌肉发达、四肢粗短、臀部浑圆、易兴奋、好斗的猪易感性高。

（三）应激原因 惊吓、抓捕、驱赶、转栏、高温、免疫接种、阉割、配种，以及瘦肉型猪饲料中维生素、氨基酸等缺乏等等都是应激原，都能造成应激易感猪发生应激。前面9个原因引起的应激比较直观，易于理解。现在专门说说瘦肉型猪饲料中维生素、氨基酸等缺乏时所造成的应激。作者遇到一个瘦肉型种猪场，采用预混料配制全价料，由于供应预混料的公司远离种猪场千里之外，用火车皮运送预混料来场，进料一次要使用数月、甚至半年以上。最后在该场的保育-生长猪中频频发生应激，转群时猪应激，免疫时猪应激，出售猪时赶猪应激，称猪时也发生应激，严重时到了饲养员打扫卫生、冲洗猪舍时猪都应激，最多时应激率达80%左右。经分析应激原因，认为预混料放置时间太长（半年以上），其中的维生素、氨基酸等成分失效。为此，在原饲料中重新添加多维和氨基酸以后，应激猪就不再出现，这就说明：饲料中缺乏维生素和氨基酸也能造成猪应激。

（四）应激猪的症状

1.新进猪应激 新进猪应激表现为不食，口吐白沫，呕吐，呼吸加速，全身发抖，皮肤发红(图215)，体温升高，便秘或下痢等。

2.免疫应激 注射疫苗后15～30

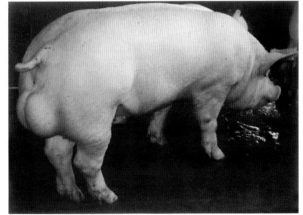

图215　应激猪全身皮肤发红

图216 应激猪皮肤上应激斑点

图217 应激猪皮肤上应激斑块

图218 应激猪皮肤上弥漫性应激斑和阴户红肿

分钟，猪只发抖，不食，呼吸急促，体温升高，皮肤有不同类型的充血斑、紫斑（图216、图217），有的还出现跛行、拉稀、腹痛、粪便带血等症状，即为免疫应激。哺乳仔猪免疫应激时最明显的症状是呕吐。

3.阉割应激 猪阉割后出现尾上翘，频频摇摆，忽站忽卧，肌肉抽搐、震颤，呼吸不匀，皮肤一时红、一时白，体温升高等症状即为阉割应激。

4.配种应激 应激易感种公猪常常在配种时发生应激，作者亲眼见一台系健美型杜洛克种公猪，体况十分丰满，两个臀部圆滚滚的，初次使用配种前，精神状态十分良好，初次交配，交配结束，全身发抖、呼吸加速、心跳加快，即刻应激死亡。

5.PSS猪 应激易感猪受到应激原刺激后，突然发抖，站立尖叫，呼吸加速，喘，心跳加快，尾部、背部和腿颤抖、强直，不能迈步，震颤，有的眼球突出，白皮猪可因外周血管扩张，导致皮肤充血、出血，产生各种类型的应激斑或全身皮肤发红，有的母猪还引发阴门红肿（图218），体温升高。此时，受到驱赶或刺激以上症状加重，会出现窒息死亡；如立即解除应激原，让应激猪安静，加强通风，多数应激猪的症状会在半小时至1小时左右缓解。

（五）PSS猪剖检变化 剖检PSS死亡猪，最常见的变化是肌肉水肿、质地松软、切面多汁、苍白和少血等PSE肉的变化，肺水肿，肝充血，脾充血性肿大，右心室扩张等，还有部分猪表现小肠黏膜出血，肠内充满暗红色液体。

（六）诊断 根据应激猪的特殊症状及特征性剖检变化（PSE肉），结合有惊吓、抓捕、运输、高温等应激原的分析，可作出应激的判断。

（七）防制 PSS猪的发生，首先是有应激易感猪，遇到应激原的存在才发生。那么，要预防PSS的发生，从根本上来讲就是要从猪的育种上选择抗应激品种的猪；另外就是加强饲养管理，尽量避免应激原的存在、发生。当气温高时要通风降温，减少密度；猪只要转群、免疫、阉割或出售及长途运输时，在头1天就给猪只服用大量的维生素C或多种维生素，例如21-金维他（应激王）、拜固舒等。

当猪只发生应激时，首要的是要消除应激原，将应激猪原地不动或移入阴凉、安静的地方，不要刺激，立即肌肉注射地塞米松或镇静药物。如果是热应激可以给猪体撒水降温，可收到好的效果。

四、母猪产后泌乳障碍综合征

母猪产后出现大便秘结，不食，少乳或无乳，乳房炎，阴道、子宫内膜炎，发热，瘫痪等症状，统称母猪产后泌乳障碍综合征（PPDS）。

近年来PPDS在集约化养猪场的发病率呈上升趋势，该病使养猪业蒙受较大的经济损失。现根据以上症状群将治疗原则和方法简述如下：

（一）大便秘结 便秘是粪便排泄非常少或没有粪便排出，排出的少量粪便非常硬（图219）。母猪在妊娠后期或刚产仔的最初几天内，常发生便秘，主要是由于饮水不够或产后轻微脱水引起的。在妊娠母猪日粮中添加矿物质轻泻剂（硫酸镁或硫酸钠）或纤维饲料（小麦麸）可获得满意的防便秘效果。分娩时最关键的问题是减少母猪便秘。

当母猪发生便秘时，日粮中添加5%的纤维饲料（小麦麸、苜蓿粉）是有益的。然而泌乳母猪日粮中添加粗纤维会降低日粮能量浓度，纤维饲料的添加量不应超过5%，绝对不能超过7%～8%。在饲料中添加油脂可以弥补能量问题，每添加5%的纤维饲料就需添加2.5%～3.0%油脂。

图 219　猪粪状态（从左至右）

正常猪粪　成堆，潮湿，松软，一碰即碎；

粪稍干　成堆，表面干裂，常附有黏液或毛屑，重碰才破碎；

干粪　硬团，表面光滑干燥，硬，不易破碎；

瘩瘩类　小瘩瘩状，干燥，小石头样，能滚动，不易破碎。

刚分娩的数天内，日粮中不应使用纤维，应使用玉米替代纤维，因为此时母猪需要更多的能量以维持高的产奶量。

母猪产后大便秘结应及时处理，时间一长就会带来母猪不食或体温升高，随之而来会影响泌乳等，因此不能等闲视之。用以下方法治疗：①硫酸钠60克（以100～150千克重的母猪计，以下同），用温开水1 000毫升灌服。②大黄苏打片60～80片、温水1 000毫升，灌服，连用3天。③在每吨饲料中添加氯化钾5～6.5千克或硫酸镁10～13千克。

（二）母猪产后不食　母猪产后不吃的原因有：过肥，产程过长，产道损伤，感染发热，整个饲养过程营养失衡或饲料单一，产后突然增加饲料过多，造成消化不良，吞食胎衣，便秘，腹腔压力突然改变等造成正常消化功能紊乱。可用以下方法治疗：① 0.25%比赛可灵注射液，按每千克体重0.10～0.15毫克，早晚各肌肉注射一次；②新斯的明注射液4～6毫升，每日1次，肌注，连用2次；③ 10%葡萄糖注射液250毫升、10%氯化钠注射液250毫升、10%氯化钙50毫升、10%安钠咖10毫升，以上为第一组；生理盐水250毫升、维生素C 10毫升、维生素B_1 10毫升，以上为第二组，一次静脉注射，注意速度不要太快。

（三）少乳或无乳　母猪产后少乳或无乳，应根据不同情况，采用不同办法催乳。特别要引起重视的是：母猪便泌是引起无乳的重要原因，可在饲料中添加0.5%氯化钾或1%硫酸镁预防便泌。从保健的角度考虑，母猪分娩后48小时内肌肉注射氯前列烯醇2毫升，能有效促进母猪泌乳，并可显著缩短断奶至发情间隔。在饲料中加正源乳宝、乳多素等可以改善泌乳。

另外，母猪产后肌肉注射醋酸维生素E，每天2次，每次100毫克，连用4天，可以增加奶量。

1.初产母猪催乳 ①初产母猪在产前2周或产后1周，每日人工按摩乳房1～2次；②少乳母猪用健康猪胎盘（新鲜）洗净，切细，加适量盐煮，分2～3次拌料喂；③新鲜小鱼1 500克，捣烂，加生姜、大蒜适量，迎草5克，煎水灌服，连服3～5天。

2.经产母猪催乳 ①多喂青绿多汁饲料；②黄芪、王不留行各200克，煎水灌服，每日1剂，连用3～5天。③海带500克，泡后切碎加动物油100克，水5千克，慢火煮1小时，分成7份，每天早上喂1次。

3.胖母猪催乳

（1）25%葡萄糖50毫升，缩宫素30单位静脉注射，每日3～4次，连用2天。

缩宫素又称催产素，催产素是启动母猪泌乳的一个重要激素，妊娠母猪在分娩前抑制催产素达到高峰，也可以抑制随后的乳汁生成。仔猪吸吮乳头时刺激乳汁释放至乳头（放乳），静脉注射小剂量的催产素（10单位）可获得较好的效果，但是肌肉注射大剂量的催产素（50单位）也不一定诱发放乳过程，这种差别可能与催产素在肌肉或脂肪中沉淀有关。缩宫素在分娩后子宫的复位中也起重要作用。断奶后乳腺缺少刺激，催产素停止分泌，同时促进性腺激素浓度升高，从而启动下一个排卵周期。

（2）当归100克、木迎50克、鲜柳树皮500克，煎水与稀饭（小米稀饭最好）混合喂给。

（3）皮下注射5毫升初乳。

4.瘦母猪催乳 ①用豆浆、鱼汤等含蛋白质高的饲料喂；②党参、黄芪、熟地各50克，迎草、穿山甲各40克，王不留行50克，煎水服。

5.多产仔母猪催乳 新鲜蚯蚓剪成3～5厘米长的小段，挤出腹中物，洗净后用白开水冲汤，加适量红糖溶化待温，加少量饲料喂，每天1～2次，每次250克左右，服后一天多母猪乳汁可大增，一般一次见效，如果连喂3～4次，则效果更佳。

6.对患泌乳衰竭症的母猪，肌肉注射氯前列烯醇175微克，催产素30～50单位，间隔3～4小时重复一次。

（四）乳房炎 乳房、乳头外伤，仔猪吃乳咬伤乳头后受到链球菌、

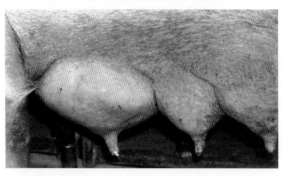

图220 乳房炎

　母猪断奶后,第一个乳区乳汁分泌旺盛,使乳房内乳汁积滞、胀大,引起乳房炎,红、肿、热、痛,产生硬节。挤出的乳汁浓稠、酸臭。

葡萄球菌、大肠杆菌、绿脓杆菌等病原微生物感染;母猪产仔后无仔猪吸乳或仔猪断奶后乳汁分泌旺盛,使乳房内乳汁积滞,都能引起乳房炎(图220)。

乳房炎时,1～2个或多个乳区发炎,发炎的乳区出现红、肿、热、痛,乳中含有絮状物或血液,乳汁呈灰褐色或粉红色。严重的乳房内形成硬节并化脓,体温升高达40℃以上,引起全身症状。

　①生理盐水250毫升、青霉素400万单位,为第一组;10%氯化钠注射液250毫升、10%葡萄糖注射液250毫升、维生素C20毫升、地塞米松10毫克,为第二组。

　静脉注射,每日1次。

　②益母草50克、当归30克、红花20克、川芎20克、蒲公英50克、金银花50克,煎水服,每日1剂,连用3天。

　③取鲜鸡蛋1枚,用注射器吸取蛋清,沿患病乳房边缘多点注射,每日2次,连用2天。

　(五)阴道炎、子宫内膜炎　母猪产后易发阴道炎、子宫内膜炎,特别是难产母猪经人工助产就更容易发生,产后4天,阴道内恶露还出现就预示着阴道炎、子宫内膜炎,就应该按清热消炎、祛腐排脓、净宫促孕的原则来治疗。

　(1)达力郎胶囊是一种专门防治家畜子宫炎、阴道炎、滴虫、念珠菌的新药,对各种原因引起的子宫炎、阴道炎有良好的治疗作用,还有预防作用,并可消除恶露,使用该药后,确保母猪的繁殖机能正常。可将此药用作母猪保健药,在母猪产完仔,胎衣下了以后,塞入子宫1粒,一般不会再发炎症。

　(2)清宫　在清宫前先使闭锁的子宫颈开放,可用己烯雌酚5～10

毫升肌注，3天一次。然后任选以下一种药液清宫，交替使用更好，3天一次。①0.1%高锰酸钾溶液100～200毫升；②10%百毒杀1∶800，100～200毫升；③洁尔阴30毫升，加水70毫升；④1%利凡诺100～200毫升；⑤清宫后可灌注土霉素碱，每日1次，连用3天。

注意：清宫的水一般要用蒸馏水，无蒸馏水时可用温开水，清宫的药液温度在37℃左右。

（3）青霉素400万单位、蒸馏水10毫升、缩宫素25～30单位，先用蒸馏水溶解青霉素再加入缩宫素，一次肌肉注射。

（4）亦可用1.4.2中药方。

（六）发热　母猪产后伴随以上症状群的出现，常常发热，当母猪体温升高发热时，除以上对症治疗外，可肌肉注射抗菌素或解热镇痛药，或用以下处方：①安乃近10毫升、青霉素160万单位、链霉素100万单位，混合肌注，每天2毫升。②5%葡萄糖生理盐水250毫升、10%安钠咖10毫升、维生素C10～20毫升，为第一组；5%葡萄糖生理盐水250毫升、青霉素400万单位，为第二组，一次静脉注射。

（七）产前、产后瘫痪　猪的产后瘫痪或产前瘫痪多因饲养管理不当造成，主要是饲料中缺乏矿物质，尤其是缺乏钙盐、而磷酸盐较多的情况下更易引起；营养较差使怀孕母猪过度虚弱也可发生瘫痪。当血钙骤然减少和产后血压降低，使大脑皮质发生延滞性阻抑所致。产后瘫痪又称产后麻痹或乳热症。

产前瘫痪表现怀孕母猪长期卧地，后肢起立困难，检查局部看不出任何病理变化，食欲、呼吸、体温均正常，强行使母猪站立，步态不稳、后躯摇摆、很快又倒下卧地，病程长时患肢肌肉萎缩、发生褥疮。

产后瘫痪是母猪分娩后发生的一种急性严重性神经性疾病，是一种急性低血钙症。特征性症状是知觉丧失及四肢瘫痪，可继发肌肉萎缩、神经麻痹、关节脱位、骨折。

治疗可用以下方药：①见血飞100克、红草薢100克、酒50毫升，前两味药为末，加开水1 000毫升搅拌，待温后加酒灌服；②10%葡萄糖500毫升、10%葡萄糖酸钙80毫升、维生素C20毫升，静脉注射，每日1次；③10%葡萄糖酸钙80毫升、维丁胶性钙8毫升、静脉注射，每日1次；④25%葡萄糖100毫升、10%氯化钙50毫升、静脉注射，每日

1次；⑤28.7.3、28.7.4三个处方，每日任选一个，也可交替使用。⑥用10%樟脑酒精涂抹腰、后肢皮肤，并进行按摩。⑦每天加喂骨粉、食盐各20克，日粮中加适量米糠和麦麸等含磷较多的饲料。

五、猪霉菌毒素中毒

谷物和饲料长期贮存会发霉，产生多种霉菌毒素（图221、图222），猪采食带有霉菌毒素的谷物或饲料后，可出现生长发育停滞、繁殖障碍（死精、不孕、死胎等）、消瘦、抗病力下降等，给养猪生产造成较大的经济损失。对猪有影响、可造成猪中毒的霉菌毒素主要有6种，为了便于兽医和养猪者判断和防治霉菌毒素中毒，现将6种霉菌毒素中毒的症状及防治措施介绍如下：

图221　这些玉米中一部分已发霉

图222　这些麦麸中大部分已发霉结团

（一）霉菌毒素中毒的症状

1.黄曲霉毒素　黄曲霉毒素是对猪威胁最大的毒素，它是由土壤中的一种微生物——黄曲霉产生的。黄曲霉毒素是一种有毒物质，对猪致少有以下3点危害：①黄曲霉毒素是最强的免疫抑制剂，当猪采食受其污染的饲料后，免疫系统最先受到干扰，猪对疫病的抵抗力下降，免疫时疫苗不能产生坚强的抗体，对疫病易感性高；患病猪对药物治疗的效果也差；②黄曲霉毒素是凝血因子抑制剂，当猪受到外伤或打针时，可使猪的伤口或针孔长时间流血不止，浆膜下层出现淤斑或出血点，肠出血等；③黄曲霉毒素是一种肝毒素，损害肝脏，致使肝功能下降，肝脏肿大，胆汁分泌减少，同时，胰脏分泌的蛋白酶及脂肪酶活性降低，导致饲料中蛋白质和脂肪利用率降低（致少下降10%以上）。

猪饲料中黄曲霉毒素含量大于100微克／千克时，可造成猪肝脏损伤、生长速度减慢，使饲料转化率变差；黄曲霉毒素还能致癌，因此FAD规定日粮中黄曲霉毒素最大允许量为20微克／千克。含量为2～4毫克／千克时，可导致急性中毒性死亡。发病初患猪精神沉郁和厌食，进一步可发展为贫血、腹水、黄疸和出血性腹泻。剖检可见肝呈淡褐色或土黄色，严重时肝纤维化、肝硬化，小肠和结肠出血。

2.DON毒素 DON能引起动物强烈呕吐，常称为呕吐素。由于DON能引起猪条件性味觉厌恶，强烈拒食被污染的饲料，所以猪很少呕吐，与其他家畜相比，猪对这种霉菌毒素更敏感，日粮中的DON高时，猪的反应是不食，当日粮中DON含量超出1毫克／千克时，就会降低采食量和生产性能。

3.玉米赤霉烯酮（F-2毒素） 该毒素与DON由同一种微生物——粉红镰刀菌生成，是一种生长在玉米、高粱和小麦上的具有雌激素作

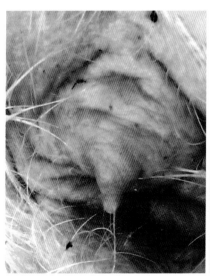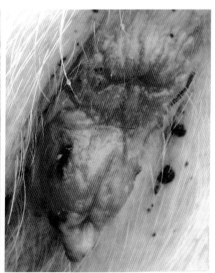

图223 小母猪玉米赤霉烯酮中毒后，阴门红肿

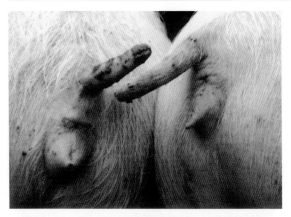

图224　小母猪玉米赤霉烯酮中毒，出现阴门红肿

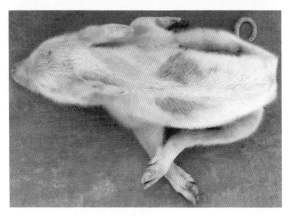

图225　妊娠后期母猪饲喂霉玉米毒素中毒，所生仔猪出现外翻腿

用的霉菌毒素，猪采食含有玉米赤霉烯酮的饲料后，临床症状随食入量和猪的年龄而不同。饲料中含玉米赤霉烯酮1～5毫克/千克，可以引起小母猪外阴红肿（图223、图224），阴道炎，早熟性乳房发育以及其他雌激素样症状；青年公猪包皮增大、性欲降低和睾丸变小；成年母猪黄体滞留、不发情或发情不规律、假妊娠，直肠、子宫脱垂；后备母猪配不孕；妊娠母猪饲料中玉米赤霉烯酮超过30毫克/千克将出现繁殖障碍，在配种后1～3周出现胚胎死亡和流产。妊娠后期母猪玉米赤霉烯酮中毒产出的仔猪可出现外翻腿（图225）。

4.镰孢霉毒素　镰孢霉又分为念珠镰孢霉和增生镰孢霉，这种霉菌普遍存在于玉米中。猪日粮中镰孢霉毒素低于10毫克/千克时一般对猪的生长没有不良影响，高于120毫克/千克时，可引起肺水肿、胸腔积液和肝脏损伤，发病率高达50%，病死率50%～90%。最初症状为嗜睡、不安、精神沉郁和皮肤充血，迅速发展为轻度流涎、呼吸困难、张口呼吸、后躯虚弱、斜卧、肺有湿性啰音、皮肤发绀、衰弱、死亡。妊娠母猪在出现症状的1～4天，常发生流产，马属动物对镰孢霉毒素非常敏感，通常是致命的。

5.麦角菌毒素 麦角菌主要生于黑麦、小麦和大麦，谷物感染这种真菌后，在籽实的顶部生长并产生3种有毒生物碱（麦角胺、麦角毒碱、麦角新碱），这些生物碱对猪和大多数动物有毒，能引起猪血管收缩导致坏疽，在数天或数周内猪只表现精神沉郁、采食量减少、全身状况不佳，最后导致四肢跛行，严重者尾巴、耳和蹄坏死。妊娠母猪常发生无乳，仔猪初生重下降、存活率降低及增重缓慢。美国农业部制定的谷物中麦角允许量为0.3%。

6.赭曲霉毒素和橘青霉毒素 赭曲霉毒素是由赭曲霉和纯绿青霉产生的一种霉菌肾毒素。橘青霉毒素是橘青霉产生的，也是一种肾毒素。猪饲喂含量200微克／千克的赭曲霉毒素数周可造成肾损伤，腹泻、厌食和脱水，中毒猪生长缓慢、饲料利用率低。剖检时可见肾苍白、坚硬，即橡皮肾，慢性中毒病例中常常见到胃溃疡、胃黏膜上有霉菌结节（图226）。

（二）霉菌毒素中毒的防治

1.预防 ①猪霉菌毒素中毒关键在于预防，如果猪发生霉性毒素中毒，治疗是比较困难的，治疗费也比较昂贵，有时治疗费高于患猪的价值也无法治愈。最重要的一点是饲料厂、养殖户、养殖场应严格选择饲料原料，严禁

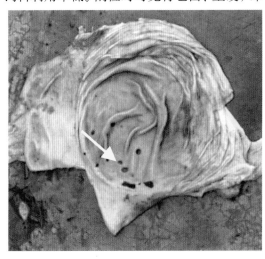

图226 猪喂霉饲料后胃黏膜上出现霉菌斑点

用发霉的原料，特别是发霉玉米做配合饲料；不用发霉变质的饲料喂猪；②对轻微发霉的玉米进行反复爆晒，用其制作饲料时每吨再加入大蒜素200~250克；③发现饲料原料轻度发霉时，在饲料中加入防霉剂及毒素吸附剂，如脱霉素、百安明、霉可吸、毒去完等，添加量按产品说明及视原料霉变程度而定。

2.治疗 ①发现猪霉菌毒素中毒或怀疑是霉菌毒素中毒时，应立即

停喂霉变饲料，更换成优质饲料；②用硫酸钠加植物油给中毒猪口服，用量：小猪：硫酸钠 20～30 克，植物油 100～200 克。中猪硫酸钠 40～50克，植物油 300～400 克。大猪硫酸钠 60 克，植物油 500 克。用药后以患猪出现轻泻时停药，如粪不变稀可再次投药；③静脉注射10%葡萄和1～2 倍量维生素 C。

六、猪丹毒

猪丹毒是由猪丹毒杆菌引起的一种急性、热性传染病。临床主要表现为急性败血型和亚急性疹块型，转为慢性的病猪常表现心内膜炎和关节炎。本病多在 30 日龄至～6 月龄的架子猪中发生，呈散发或地方性流行。人也能感染。

（一）病原　本病的病原是红斑丹毒丝菌，又称丹毒杆菌，是一种纤细弯曲的小杆菌，革兰氏染色阳性。丹毒杆菌对盐腌熏制、干燥、腐败和日光的抵抗力较强，耐酸，但对热敏感。常用低浓度消毒药可将其迅速杀死，但对碳酸抵抗力很强。

（二）流行特点　①本病一年四季都有发生，但以气候暖和的季节多发；②本病呈散发或地方性流行，多发于架子猪，其他家畜和人也可发病；③病猪和带菌猪是主要传染源，主要经消化道传播，也可通过损伤的皮肤及吸血昆虫传播。

（三）临床症状及病理剖检变化　本病自然感染的潜伏期为3～5天，有时可短到 2 4 小时。病状一般分 3 个型：

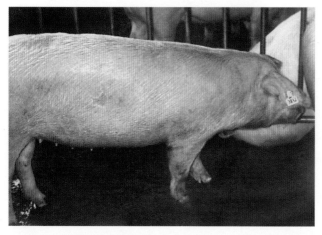

1.急性败血型　突然发病，猪群里有一头或几头猪发病死亡，其他相继倒毙。病猪体温急剧升高达 42～43℃，表现寒战，有的鸣

图 227　急性猪丹毒病猪，全身皮肤发红，俗称"大红袍"

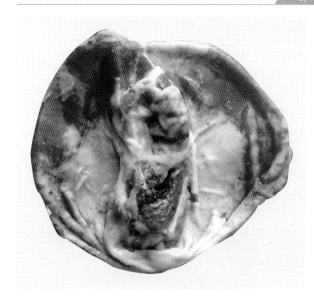

图228　急性猪丹毒病猪，胃急性卡他性出血

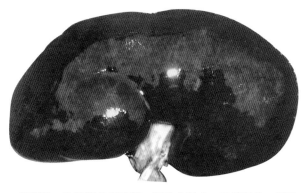

图229　急性猪丹毒病猪，肾淤血肿大，呈紫红色，俗称"大紫肾"

叫、伏卧，驱赶时步态僵直，有的跛行，有少数病猪出现呕吐。部分病猪死前皮肤发红，指压时红色消失，停止按压时则又恢复，俗称"大红袍"（图227）。

急性型的病理剖检特征是淋巴结肿大，切面多汁，呈紫红色；胃和十二指肠呈急性出血性卡他（图228）；肾淤血肿大，呈紫红色，俗称"大紫肾"（图229）；脾脏呈急性充血肿大。

2.亚急性型　又叫疹块形，俗称"打火印"，病初体温升高至40～41℃，食欲消失，口渴，便秘，发病1～2天后皮肤上出现扁平隆起的，呈方形、菱形或不规则的疹块。疹块初起，周边呈粉红色、内苍白，继之苍白区的中央发红，并逐渐向四周扩展，直到整个疹块变为紫红色乃至黑红色。疹块和健康皮肤界限明显，稍突出皮肤表面。在病的恢复期疹块上结痂，痂皮脱落后留下"烙印"（图230、图231、图232）。

3.慢性型　慢性型主要病状是四肢关节炎或心内膜炎，也有的病例两者并发。这型主要是由急性或亚急性型转化而来。慢性病例常见心瓣

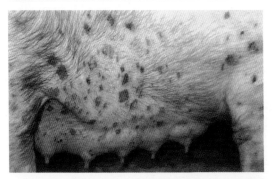

图230 亚急性型猪丹毒病猪,全身布满凸出皮肤表面的方形、棱形疹块,俗称"打火印"

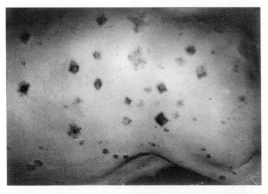

图231 亚急性型猪丹毒病猪,水烫刮毛后的疹块

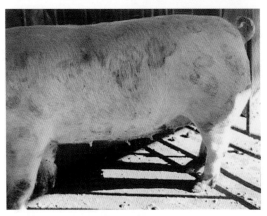

图232 亚急性型猪丹毒患猪,皮肤疹块痂皮脱落后留下的"烙印"

膜形成菜花样赘生物(图233、图234)。

人在处理加工丹毒病猪肉和内脏时,如皮肤有损伤,常感染红斑丝菌,在手指或手的其他部位出现红肿病灶,称"类丹毒"。

(四)诊断 根据流行特点、临床症状及剖检变化特征对亚急性型和慢性型可作出诊断,急性型一般要做实验室诊断。采集病料抹片,革兰氏染色镜检,见有大量阳性红斑丝菌即可确诊。或用病料接种鸽子或小鼠,其心血、肝、脾涂片染色镜检,可见大量阳性红斑丝菌。

(五)防治 ①在猪丹毒常发地区,应按时对猪体接种猪丹毒菌苗;②青霉素、阿莫西林或阿莫仙对猪丹毒病猪有特效,一旦发病,特别是急性猪丹毒发生,要立即用青霉素治疗,第一次用突击量静脉滴注,然后用维持量肌肉注射,坚持4个小时注射一次,一般3~4次就能把病情控制住。治疗病猪的同时,要对同群

图233 慢性猪丹毒病猪，
主动脉瓣上的疣
状赘生物

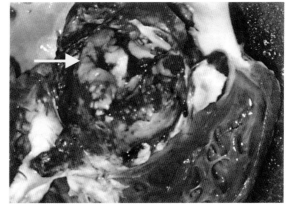

图234 慢性猪丹毒病猪，
二尖瓣上的菜花
样赘生物

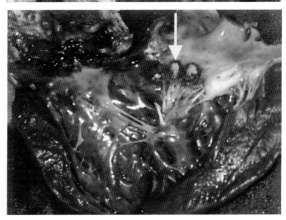

猪进行逐头紧急测温，
凡体温升高者立即用
上述药物和方法隔离
治疗，对猪舍彻底清扫
消毒，对假定健康猪进
行丹毒菌苗预防接种。

七、猪附红细胞体病

猪附红细胞体病是由附红细胞体（Eperythrozoono)附着于猪的红细胞或血浆中（图235），引起猪发生黄疸性贫血等症状的一种病，又称红皮病（图236）。除猪外，附红细胞体还可以附着于牛、羊等动物和人的红细胞及血浆中，是一种人畜共患病。

（一）病原 附红细胞体大小为0.1～2微米，呈环形逗点状、杆状或颗粒状，常单独或成链状附着于红细

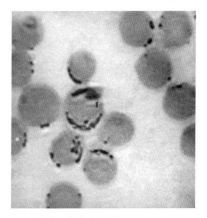

图235 附红细胞体

图236 病猪全身皮肤发红，又称"红皮猪"

胞表面，甚至将红细胞包围，使红细胞变形呈齿轮状、星芒状或不规则形，其分类学地位尚有争议。

（二）流行情况

1932年Doyie首次在印度报道了猪附红细胞体，之后，本病在全球范围内发生。20世纪从80年代开始，人、猪、牛、羊等多种动物的附红细胞体病在我国均有报道，近年，随着规模化养殖业的发展，该病不断地在一些地区发生流行。

不同年龄和品种的猪均有易感性，但仔猪、保育猪、特别是去势后的仔猪，发病率和病死率较高。

本病多发生于夏季，因此，推测传染途径与猪虱等吸血昆虫有关；猪通过摄食血液或含血物质，如咬尾或舔食断尾的血、互相斗殴等可直接传播；胎盘传播本病已经临床证实。

（三）症状 断奶仔猪、特别是断奶几周后的保育猪容易感染本病，其急性期的症状是发热，全身皮肤和可视黏膜苍白、黄染（图237）或发红，有的在耳廓边缘、尾及四肢末端发绀或呈暗红色，尤其在耳廓边缘发绀呈大理石样斑纹是本病的临床特征。慢性病例表现消瘦、虚弱、贫血、被毛粗乱；眼结膜潮红、黄染，口黏膜苍白；全身荨麻疹，在荨麻疹中间散在少量指头大小的淤血斑（图238、图239）；体表淋巴结肿大、明显可见。急性者数日内死亡，耐过不

图237 病猪全身皮肤和可视黏膜苍白、贫血黄染

死者，生长发育不良，全身疲软，成为僵猪。母猪感染后经常只表现亚临床症状，可造成繁殖障碍、不发情、配不孕、受胎率底、流产、产弱仔等，如急性发作则表现发热、乳房炎、外阴水肿，有的发生流产或产死胎。

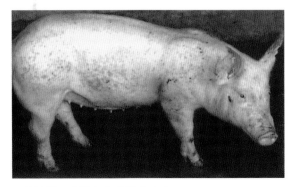

图238 病猪全身皮肤荨麻疹

（四）病理变化 病理剖检主要见血液稀薄、凝固不良，可视黏膜和皮肤苍白，皮下、网膜黄染，甚至全身黄疸（图240）；肝脏肿大变性，脾肿大等。

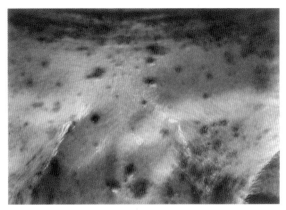

图239 病猪皮肤上大块状荨麻疹

（五）诊断 临床疑似猪附红细胞体病时，应采血涂片，瑞氏和革兰氏染色，镜检红细胞内的附红细胞体，做进一步诊断。

涂片时必须注意：①在发热时采集的血液在血膜上会出现明显的微凝血，以血色素正常、红细胞数正常为特征性的溶血性贫血是本病的特征。②在制备血膜片前必须将血液加温至

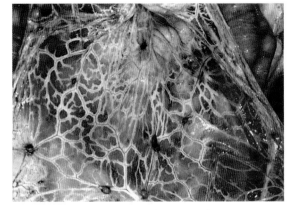

图240 病死猪大网膜黄染

38℃,否则由于冷凝素的作用红细胞将发生凝集,很难推出一个好血膜,也会使附红细胞体的辨认变得困难。方法是先将载玻片稍稍在火焰上加热,再用血滴推片,或者将血液先放入38.0℃的抗疑血剂中混合后再用来推片,效果就好。

(六)防治 目前还没有商品苗供免疫预防,只有加强饲养管理,搞好环境卫生和消毒来减少该病的发生。治疗可选用以下药物:①血虫净(贝尼尔)、每千克体重5毫克,肌注,间隔2天,重复用药一次;②血虫灭(磺胺间甲氧嘧啶钠)、每10千克体重用2毫升,肌肉注射,3日再重复用药一次;③对氨基苯砷酸(阿散酸),180克/吨饲料,搅拌均匀,连喂1周,以后改为半量再喂1周。

八、猪痢疾

猪痢疾俗称猪血痢,本病是由猪痢疾密螺旋体引起的猪肠道传染病。特点是大肠黏膜发生卡他性出血性炎症,临床表现为出血性黏液性下痢。

(一)病原 猪血痢的病原为密螺旋体,本菌两端尖锐、呈疏松卷曲的螺旋状,能自由运动,为厌氧螺旋体,革兰氏染色阴性。本菌对一般消毒药、氧、干燥等敏感。

(二)流行特点 本病仅见于猪发生,各种品种、年龄的猪均易感,常发生于7~12周龄的幼猪,且日龄小的猪比大的猪发病率和病死率高。病猪和带菌猪是主要传染原,传播途径是消化道。猪舍潮湿、猪群拥挤、管理不善、气候多变等因素均可促进本病的发生。

(三)临床症状 本病的潜伏期一般为7~14天,主要的症状是腹泻,体温升高达40~41℃。刚开始粪便为黄色或灰色软便,继而粪便中含有大量黏液、血液和肠黏膜

图241 痢疾病猪粪便稀,呈褐色,内含血丝

坏死碎片，粪便即呈褐色或黑色（图241）。此时，病猪消瘦、脱水、无力站立，衰竭而死。耐过不死的猪，转为慢性病例，时轻时重地拉血痢，生长缓慢，发育不良。

（四）**病理剖检变化** 本病的典型病变在大肠（盲肠、结肠和直肠），而小肠无病变，有病变、无病变的明显界线在回肠与盲肠交界处。大肠壁充血水肿、淋巴滤泡增大呈明显的白色颗粒状。大肠黏膜上覆盖着带血块和纤维素的黏液。病情进一步发展，肠壁水肿减轻，肠黏膜病变加重、表层坏死形成麸皮状或豆腐渣样的假膜。

（五）**诊断** 根据本病的流行特点、临床症状和典型的病理剖检变化可作出初步诊断。进一步诊断可采急性病猪的粪便，抹片姬姆萨或龙胆紫染色镜检或暗视野镜检猪痢疾密螺旋体。

（六）**防治** 预防本病重在加强厩舍和环境的卫生和消毒，发现病猪立即隔离、消毒、治疗。①四环素族抗生素对猪痢疾有较好的治疗效果，最常用的是金霉素粉剂，在每吨饲料中添加200～400克，连用7天；②0.5%痢菌净液，每千克体重0.5毫升，肌肉注射，每日2次，连用2天。

九、猪痘

猪痘是由痘病毒引起猪皮肤发生痘疹为特征的一种急性、热性传染病。

（一）**病原** 猪痘的病原是猪痘病毒和痘苗病毒两种，两种病毒均属于痘病毒科。两病毒无交叉中和作用。猪痘病毒仅能感染猪，痘苗病毒既能感染猪、也能感染牛和绵羊。痘病毒对热、直射阳光、碱等常用消毒药敏感，15～20分钟即可杀灭该病毒。

（二）**流行特点** 猪痘一年四季都可发生，但多见于温暖季节。各种年龄的猪都可感染发病，但以4～6周龄仔猪和断奶仔猪多发。猪痘病毒只能感染猪，痘苗病毒可感染猪、牛、绵羊、山羊以及其他动物。病猪和康复猪是本病的传染原。病猪皮肤及黏膜上的痘疹、痘痂以及唾液、眼分泌物病毒含量很高。猪痘病毒可以通过猪虱和蚊蝇传播；痘苗病毒可直接和间接传染。

（三）**临床症状及病理剖检变化** 潜伏期一般为2～3周，短时4～7天。患猪体温稍高，鼻黏膜和眼结膜潮红、肿胀，有黏性分泌物。在鼻、眼、下腹、股内侧等皮肤无毛或少毛的部位上发生痘疹，痘疹开始为红斑,在红斑中间再发生丘疹样结节,2～3天后转为水疱(或不经过水疱),然后变为脓疱,整个病灶好似脐状突出于皮肤表面,最后变成棕黄色结痂(图242、图243、图244、图245)。这种有规律的病变是本病的特征性症状,其发病率可达30%～50%。多数患猪取良性经过,痂块脱落,留下白色斑块而痊愈,病程10～15天。少数严重病猪可发生出血型或融合型痘(图246),在口、咽喉、气管黏膜上发生痘灶,或发生腹泻、全身感染、败血症而死亡。

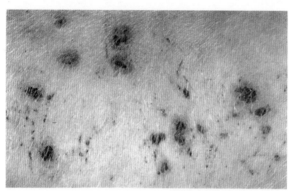

图242　病猪腹部的痘疹

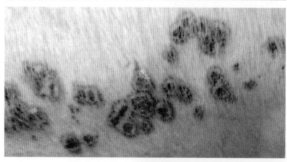

图243　病猪圆形痘疹发
　　　　展为脓疱,少数
　　　　痘疹开始结痂

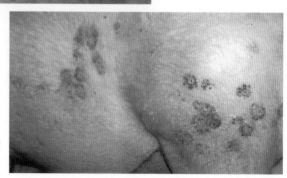

图244　病猪痘疹痂皮脱落
　　　　后,留下的痕迹

图245 病猪头部痘疹继
发细菌感染，咬
肌下那个痘疹
为出血型

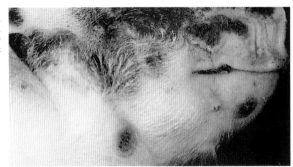

图246 病猪鼻和吻突
上的融合型
（鼻上的）和出
血型（吻突上）
痘疹

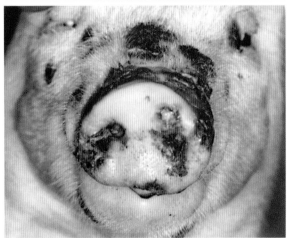

（四）诊断 根
据流行特点和临床
症状表现出的规律
性特征可作出诊断。

（五）防治

①加强饲养管理，搞好猪舍和环境卫生，灭虱、灭蚊蝇对防制此病发生
有重要作用；②当猪群中有猪痘发生时，立即用鸡新城疫Ⅰ系苗紧急干
扰接种全群猪（含病猪），按50～100倍稀释，每头猪接种10～15羽剂
量。该苗接种后诱导猪体产生干扰素，干扰猪痘病毒繁殖；③患部用5%
碘甘油、1%龙胆紫液涂擦。继发感染时配合抗菌素治疗。

十、猪坏死杆菌病

猪坏死杆菌病是由坏死梭杆菌（Fusobacteyinm necrophorum）引
起的一种慢性传染病，其特征是皮肤、肌肉、黏膜等组织坏死性炎症与
溃疡，有的可引起全身和内脏形成转移性坏死灶。

（一）病原 本病的病原为坏死梭杆菌，该菌为革兰氏阴性的多形性
杆菌，小者呈短杆状或球杆状，大者呈长丝状（在感染的组织中常呈长
丝状），严格厌氧。能产生内毒素、使组织坏死；产生外毒素溶解组织。

本菌抵抗力不强，常用消毒药可很快将其杀死。

（二）流行特点　本病呈散发或地方性流行，除猪外，牛、羊、马、兔、鹿均易感，人偶尔也感染。在多雨、潮湿及炎热季节多发。当猪群密度过大、咬架、吸血昆虫叮咬、环境污秽等情况下，发病增多。坏死梭杆菌广泛分布于周围环境中，健康动物的扁桃体和消化道黏膜也可存在本菌，并经唾液或粪便排出体外。损伤的皮肤、黏膜是本菌的入侵门户。新生仔猪有时可经脐带感染。

（三）临床症状　本病的潜伏期一般为1～3天，长者可达1～2周。由于发病部位不同，常有以下4种表现：

1.坏死性皮炎　以仔猪和架子猪多发，发病部位多在肌肉丰满之处，如臀部、肩外侧等体表皮肤和皮下发生坏死和溃疡，也有的在耳、尾、乳房等处发生。初起在发病部位产生突起的小丘疹，表面盖有一层干痂，触之硬固肿胀（图247），随之痂下组织迅速坏死，形成表面一个硬壳的小病灶，壳下则是一个坏死囊，内部组织坏死，积有大量灰黄色或灰棕色、恶臭的液体，继而皮肤溃烂，成为一个坏死空洞（图248）。当发生病灶转移和继发感染时，体温升高。

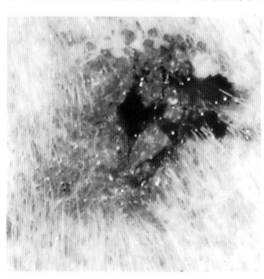

图247　育肥猪肩甲部皮肤坏死杆菌病灶

2.坏死性口炎　仔猪多发，口腔黏膜红肿，在齿龈、舌、上颌等处表面出现灰白色伪膜，伪膜下是溃疡灶。此时，体温升高、口臭、流涎、呼吸困难。有的颌下水肿。

3.坏死性鼻炎　仔猪和架子猪多发，患猪鼻黏膜出现溃疡，咳嗽和脓性鼻液。

4.坏死性肠炎　常与仔猪副伤寒、猪瘟并发或继发。

（四）病理剖检变化 病变部位有如症状中所述的典型坏死灶，在尸体剖检时常发现肺、肝脏上有转移的坏死灶。

（五）诊断 根据本病的典型症状和病理剖检变化可作出诊断，确诊需进行病原分离。

（六）防治 ①预防本病要经常保持猪舍、运动场、猪体及用具的清洁卫生，避免猪体外伤。一旦有病猪就要隔离治疗，对厩舍、环境消毒，防止病原扩散；②对患猪的病灶首先要彻底清创，清除坏死组织，用1%高锰酸钾或3%双氧水进行清洗，然后用5%碘酊涂擦，再撒上

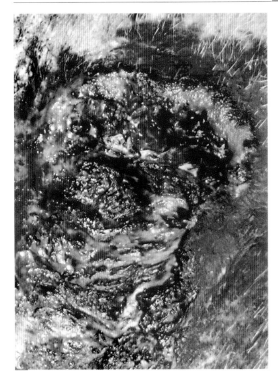

图248 育肥猪臀部皮肤的坏死杆菌溃疡，深部形成空腔

磺胺粉或抗菌素粉。坏死性口炎或坏死性鼻炎时，先清除创面上的假膜和坏死组织，然后用1%高锰酸钾液冲洗，再涂上碘甘油，每日不少于2次。

十一、猪诺维氏梭菌病

猪诺维氏梭菌病是由诺维氏梭菌引起的一种猪的传染病，该病以大肥猪和老龄母猪突然猝死为特征。

（一）病原 诺维氏梭菌又称水肿梭菌，该菌在动物体内能产生极强的外毒素，迅速引起肝脏气性腐败，使尸体迅速腐烂。

（二）流行特征 猪诺维氏梭菌病多在每年的冬、春寒冷季节发生，发病猪主要为成年猪、大肥猪、老龄母猪，其中老龄母猪可占发病猪的83%。

（三）临床症状与病理剖检变化 该病的发生通常看不到明显临床

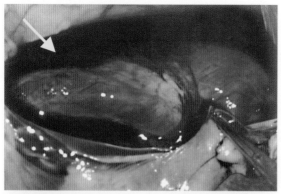

图249　病猪心包腔内有大量血样渗出液，心外膜出血

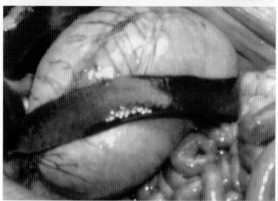

图250　病猪胃臌气、肠臌气、脾肿大

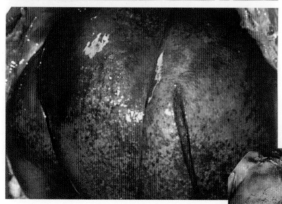

图251　病猪肝气肿，呈青铜色，肝被膜下有无数小气泡凸出肝表面，按压肝脏产生捻发音，拍打肝脏发出鼓音

图252　病猪肝小叶内充满小气泡，切面好似蜂巢状

症状猪就突然死亡，往往猪在晚上还一切正常，第二天起来已死在厩中，口鼻有泡沫状液体流出，腹部高度胀大，肛门外翻。

剖检死猪常见肺充血、水肿，气管内有带泡沫的血样黏液；心包腔内有大量血样渗出物（图249），心内、外膜常见出血性坏死，个别的心内膜下有小汽泡凸出；胃臌气，肠臌气（图250），肠浆膜面紫红色；脾充血、肿大，有时可见胃被撑破，脾被撕裂；肝多为青铜色、气肿，被膜下常有小汽泡凸出肝表面，有的小气泡如麻粒大在肝表面密布，轻轻按压小气泡可以移动。手捏或按压肝脏产生捻发音，凹陷下去，放手后又慢慢复原，好似海绵，拍打肝表面发出鼓音（图251），肝切面好似蜂巢状，又似"吹肝"（图252）。这是猪诺维氏梭菌病的特征性病理变化。

（四）诊断 根据本病的流行特点和特征性剖检变化，可作出疑似诊断。进一步诊断可在剖检时，拉开腹腔，肝脏刚暴露时立即在肝表面触片，革兰氏染色镜检，发现大小不一、有芽孢的阳性杆菌即可作出诊断。

（五）预防 在有本病发生史的猪场，每年9～10月，用诺维氏梭菌制苗免疫或用梭菌病多联苗免疫肥猪和种猪。

十二、猪食道及胃溃疡

猪食道、胃溃疡是指食道、胃黏膜出现角化、糜烂和坏死，形成溃疡，甚至穿孔。本病是集约化猪场的常发病，世界各国屠宰场的资料显示，有食道、胃溃疡的猪所占比例在5%～38%之间。

猪食道、胃溃疡发生的主要原因是应激，饲料粒度过细（饲料粒度小于400微米），饲料中粗纤维含量低，饲料中缺乏维生素E、维生素B_1、硒等，饲料中不饱和脂肪酸过多，饲喂干粉料等；一些疾病也易造成胃溃疡（慢性猪丹毒、猪瘟、仔猪副伤寒、蛔虫感染、铜中毒、白色念珠菌感染等）；还有学者认为本病有较高的遗传性，选育中过分追求生长速度和薄背膘也是其中原因之一。临床表现主要是患猪生长缓慢，被毛粗乱，消瘦，食欲不振，呕吐，粪便发黑，严重时粪呈黏稠沥清状。发生胃穿孔者，由于慢性失血，造成贫血、眼结膜及皮肤苍白，这种病例还常继发腹膜炎。

剖检可见食道、胃黏膜出血、糜烂、角化、上皮脱落、溃疡，染有胆汁，胃内有大量黏液状内容物、凝血块，也常见到胃穿孔（图253、图254、图255、图256）。

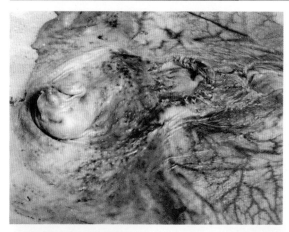

图253 猪浅表性胃溃疡胃
黏膜糜烂与溃疡

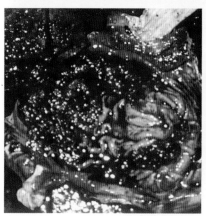

图254 猪胃食管性溃疡出血,胃内有
大量凝血块

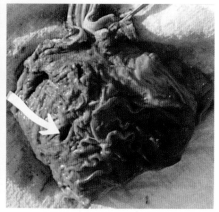

图255 猪胃溃疡,胃壁穿孔,胃黏膜
角化

图256 猪食道黏膜角化

（1）要预防猪胃溃疡的发生，以下5条措施可以偿试：①减少应激因素，避免猪只应激；②加大饲料粒度，达500微米以上，最好把玉米粒度控制在1～2毫米；③饲喂湿料；④日粮中补充维生素E，每千克18毫克；⑤育肥猪后期，在饲料中添加0.3％的小苏打。

（2）治疗可选用以下药方：①西咪替丁6片，人工盐20克，一次投服，每日2次；②投服鞣酸蛋白，每日2～3克；③饲喂前投服硝酸钠5～10克；④肌肉注射西咪替丁或止血药。

十三、猪李氏杆菌病

李氏杆菌病是由李氏杆菌引起的多种动物和人共患的传染病。在猪主要表现脑膜脑炎、败血症和流产。

（一）病原 本病的病原是单核细胞增多李氏杆菌，革兰氏阳性小杆菌，在血片中单个分散或呈"V"字形排列。本菌有7个血清型，1型见于猪、禽和啮齿类动物，4型见于畜、禽，各型对人都可致病。本菌对热的耐受性强，常规巴氏消毒法不能杀灭，65℃经30～40分钟才能杀灭，一般消毒药都易使它灭活。

（二）流行特点 本病多为散发，发病率很底，死亡率较高，冬、春季多发，气候剧变等因素可促进发病。各种年龄猪均可感染，患病动物是主要传染原，消化道和呼吸道是主要感染途径。

（三）临床症状 本病的典型症状是脑炎症状：表现兴奋不安、运动失常、做圆圈运动（图257）；或无目的地呆走；或扭头，以头抵地、抵墙，呆立不动；有的头、颈后仰，呈望天姿势（图258、图259、图260）。肌肉震颤，口吐白沫，后肢麻痹，不能站立。病程一般1～4天，长者可达7～9天，多以死亡为转归。

仔猪发病多产生败血，体温显著升高，口渴，呼吸困难，腹泻，耳和腹部皮肤发绀，多在1～3天内死亡。

（四）病理剖检变化 败血死亡的仔猪特征性病变是局灶性肝坏死，在脾、淋

图257 患猪出现神经症状，从左向右转圈

图 258 患猪出现神经症状，头往右
扭，左耳直立，右耳平伸

图 259 患猪出现神经症状，头往左扭

图 260 患猪出现神经症状，闭目往前冲

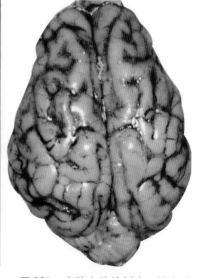

图 261 患猪大脑外侧沟、纵沟淤
血、出血

巴、脑组织等中也可出现小的坏死灶。有神经症状的猪可见脑充血、淤血、水肿，脑脊液增多、稍浑浊（图261），有时脑组织变软，有小化脓灶，肝上也可能有小坏死灶。

（五）诊断　　根据流行特点、临床表现和剖检变化可疑为本病，确诊可进行血液学检查：白细胞总数升高、单核细胞增多达8%～12%以上；

血、肝、脾、脑等涂片或触片，革兰氏染色，发现阳性小杆菌、有的呈"V"字形排列时可做出诊断。确诊需做细菌分离鉴定。

（六）防治 预防本病在于加强饲养管理，提高猪体的抗感染力。一旦发病，立即隔离治疗病猪，加强猪舍环境消毒，防止该病传播。

抗生素和磺胺类药物对李氏杆菌有很好疗效，可根据当地药物情况选用。对于有神经症状的猪，可用镇静剂。

十四、猪结核病

结核病是由分枝杆菌属（Mycobacterium）的细菌引起的人畜共患的一种慢性传染病。病的特点是在某些器官形成结核结节。在集约化养猪场，此病时有发生。

（一）病原 结核分枝杆菌中重要的有牛型分枝杆菌、禽型分枝杆菌和人型分枝杆菌，这3个型的结核杆菌均可感染猪。该种菌是一般好氧、平直或微弯细长的革兰氏阳性菌。在外界环境中生存力强，常用消毒药需经4小时方可将其杀灭，但在70%酒精和10%漂白粉中很快死亡。对链霉素、异烟肼和对氨基水杨酸等药物敏感。

（二）流行特点 结核杆菌侵害多种畜禽，其中牛最易感，特别是奶牛，其次是黄牛、水牛、耗牛、猪、禽。鹿、猴发病也多，羊极少发病。猪对禽型结核杆菌敏感性较高，但猪结核很少在猪间传播。结核病患者是本病的传染原，通过粪便、乳、尿和气管分泌物向外排菌，经飞沫、通过呼吸道和消化道感染。

（三）临床症状 猪感染结核杆菌多在淋巴结、扁桃体、骨等中发生病灶，渐近性消瘦，贫血，恶病质（图262）。肺结核时，有短而干的咳嗽；乳房结核时，乳房淋巴结肿大；肠结核时，表现顽固性腹泻。但出现上述症

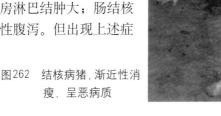

图262 结核病猪，渐近性消瘦，呈恶病质

状时，很难让人想到结核病，因此，该病生前一般不被发觉，多数是死后剖检或屠宰检疫时才被发现。

（四）病理剖检变化 本病的病理剖检特征是在多种组织器官形成肉芽肿和干酪样、钙化结节。切面呈黄白色或灰白色无臭黏绸的干酪样物，有时其中有钙化、有砂砾感（图263、图264、图265、图266、图267）。

（五）诊断 仅从临床症状诊断猪结核十分困难，如果怀疑此病时，可用结核菌素皮内试验诊断本病。方法是：用牛、禽两种结核菌素，一侧耳根皮内注射牛型结核菌素，另一侧耳根皮内注射禽型结核菌素，注射量各为0.1毫升，48～72小时后，任何一侧注射部位红肿即为阳性。

（六）防治 预防本病主要有三点，其一、不要让结核病人从事养猪；其二、不要使

图263 病猪肺门淋巴结结核，切面有散在钙化灶

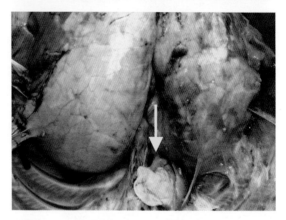

图264 病猪肺与胸膜粘连，肺门淋巴结结核，切开后流出大量黄白色干酪样物

图265 病猪第11-13胸椎结核肿大

图 266 上图结核胸椎切面，结核灶内骨质残蚀，椎体内形成空洞，内有大量干酪样物

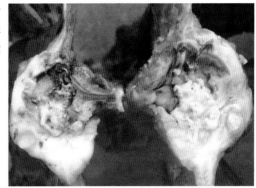

图 267 结核病猪子宫扩韧带和肠系膜上串珠状结核结节

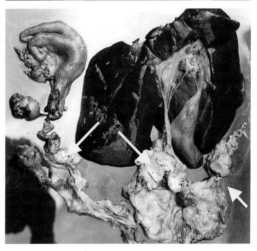

用未经消毒的鸡粪喂猪；其三、发现病猪，立即淘汰，再用结核菌素进行检疫，阳性者坚决淘汰。

十五、猪皮肤真菌病

猪皮肤真菌病是一种致病真菌寄生于皮肤角质层而引起的皮肤病，又称癣。侵害浅层皮肤的真菌有小孢子菌（Mictosporum）、毛癣菌（Trichophyton）等。不同品种的猪均可感染，杜洛克猪和含有洛克猪血缘的杂交生长猪更易感（图268）。

癣多发部位在躯干两侧，颈、胸、背、腹、臀等处。病损初期出现局灶性丘疹样圆形小团，大小不等，多呈浅褐色，逐渐扩展为环状（图269）或多环状损害，乃至扩大覆盖猪体一片或一大部分。其表面覆盖一层细小鳞片或浅褐色痂皮，干燥，似干苔癣、更似松树皮。有的因继发感染，结成污黑痂皮（图270、图271）。刮去覆盖物，皮肤平整、充血、出血。本癣一般不脱毛，无痒感。

镜检覆盖物可发现真菌孢子和菌丝。

本癣一般取良性经过，治疗可选择对真菌有效的消毒剂，按规定比

图268　一个保育栏内的
　　　　杜洛克猪，多数
　　　　发生皮肤真菌病

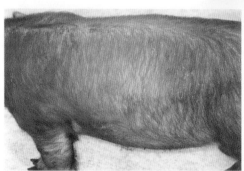

图269　患猪皮肤损伤初期，呈局
　　　　限性丘疹，疹点大小不
　　　　等，逐步向外扩展，呈环
　　　　状、浅褐色，被覆皮屑或
　　　　痂皮

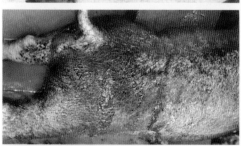

图270　患猪皮肤干燥，呈树皮状，
　　　　无痒感

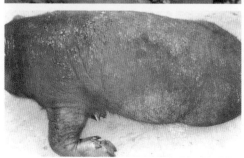

图271　患猪病损皮肤继发细菌感
　　　　染，渗出分泌物，形成一层
　　　　树皮状厚痂皮

例稀释在温水中，中午或温暖时浸泡猪体，用刷子或粗糙物使劲擦去鳞片或浅褐色痂皮。间隔 1～2 天擦洗一次，几次后逐渐康复。

十六、猪破伤风

破伤风是由破伤风梭菌引起的一种人畜共患传染病，临床特征为全身骨骼肌强直性痉挛和对外界的刺激反应增高；死后半小时内体温继续上升，比生前都高，达到最高点。

（一）**病原** 破伤风梭菌为两端钝圆、细长、呈正直或稍弯曲的革兰氏阳性大杆菌，多单个存在，无荚膜，能形成芽孢，在菌体一端似鼓槌状。本菌芽孢抵抗力很强，可在土壤中存活几十年。

（二）**流行特点** 本病一年四季都可发生，但多为散发，各种品种、年龄、性别的猪均可发生，多因阉割而感染发病。

（三）**临床症状** 本病的潜伏期一般 7～14 天，发病猪流涎、牙关紧闭、瞬膜外露，痉挛一般由头开始，耳直立，接着四肢僵硬、腹肌收缩、角弓反张、尾直立，逐渐全身痉挛。常卧地不起呈强直状（图272），呼吸急促，一般 1～2 周内死亡。

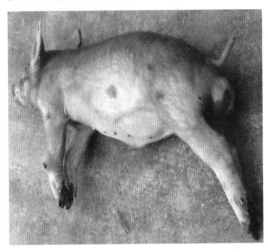

图272 该猪阉割后感染破伤风梭菌，发病表现：竖耳直立、尾直立、四肢强直

（四）**诊断** 根据阉割或深外伤后 1 周左右发病，加上特征性的临床症状可作出诊断。

（五）**防治** 预防本病的发生，主要是做好阉割、手术过程的卫生消毒，阉割、手术和外伤后的消炎、抗感染。一旦发病表现临床症状，死亡率很高，无治疗价值。

十七、母猪乳房放线菌病

母猪乳房放线菌病是由猪放线菌引起的一种慢性传染病。其特征是在猪的乳房内形成化脓性肉芽肿，并在其脓肿中出现"硫磺颗粒"样放线菌团块。

（一）病原 本病的病原主要为放线菌属的猪放线菌，金黄色葡萄球菌和一些化脓性细菌常是本病形成的帮凶，猪放线杆菌也能引起类似病变。

猪放线菌为革兰氏阳性菌，菌体呈纤细丝样，有真性分支，故与真菌相似。猪放线菌在病灶内常形成菊花形或玫瑰花形的菌团，菌团外观

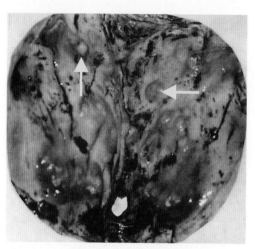

图273 母猪乳房放线菌肿块内的化脓性肉芽肿和"硫磺颗粒"

似硫磺颗粒，其大小从米粒大乃至玉米粒大，多呈灰黄色、也有呈灰色或浅棕色。这是本病剖检变化的一个特征性病灶（图273）。

（二）发病特点 ①本病一年四季都可发生，通常为散发，发病率在3%左右，一般不呈流行性发生；②本病主要发生于产仔母猪。例如，一个场有长约二元杂母猪178头，其中产仔母猪130头，有2头猪乳房上发生放

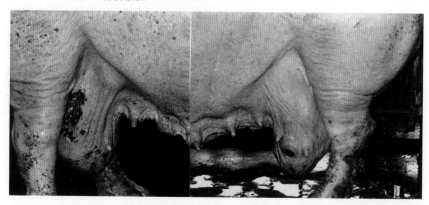

图274 母猪第6、7两对乳头基部放线菌肿块的左右两面观。肿块体积为17.5厘米×13厘米×6厘米，表面凸凹不平、硬，上有多处黑色溃疡灶、结痂

线菌肿块。③感染途径主要是损伤的皮肤、黏膜。猪放线菌的致病力弱，一般要借助皮肤的创伤才能由创口侵入而发生感染，仔猪吸乳造成母猪乳房皮肤损伤是最主要的感染途径。图274中那头母猪入产房前乳房还是好好的，产仔哺乳期间乳房皮肤被仔猪咬破过，到断奶出产房后就发现第6、7对乳头间有一小的放线菌肿块，又到出场房后81天检查，肿块体积为17.5厘米×13厘米×6厘米，这就说明猪放线菌是通过乳房皮肤的伤口感染的。如果母猪乳房没有创伤，在猪群中很少互相传染，这也是本病只是散发的原因所在。

（三）**临床症状**　母猪乳房放线菌病多在经产母猪的一个乳头基部发生，形成无痛性硬性团块，逐渐蔓延增大，使乳房肿胀，表面凸凹不平。图274这头母猪生于6、7两对乳头基部的放线菌大肿块的左右两面观，在大肿块的周围又会有小的放线菌肿块发生。图275这个乳房放线菌大肿块周围凸出的若干个鸡蛋大的小肿块，体积25厘米×20厘米×14厘米，肿块边界不清，外观呈肿瘤状。肿块表面破溃后形成稍突出表面的黑色圆形溃疡、结痂（图276），触诊放线菌肿块，感觉很硬，母猪多数不表现疼痛，乳腺组织大量增生，放线菌肿块的生

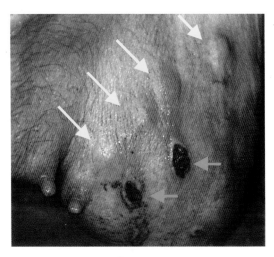

图275　母猪乳房基部的放线菌肿块和周围凸出的若干个小肿块，整个肿块的体积为25厘米×20厘米×14厘米，上有溃疡灶

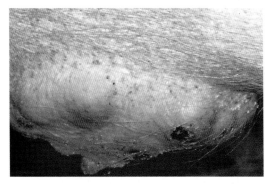

图276　猪乳房创伤,感染放线菌,产生若干个放线菌小肿块,构成一个大肿块,表面凸凹不平、硬

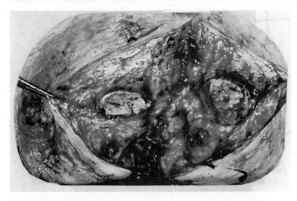

图277 母猪乳房放线菌肿块内的化脓性肉芽肿

图278 切割下的母猪乳房上的放线菌肿块,表面有多个大小不等的溃疡灶

长速度很慢,图276中的放线菌肿块都是经过数月才形成这样的形状。

(四)病理剖检变化 切开放线菌肿块是由致密的结缔组织构成,切面上有大小不等的化脓性肉芽肿和脓性软化灶(图277)。病灶内有若干米粒大乃至玉米粒大的黄白色"硫磺颗粒",远看又似"玉米酒糟颗粒",发臭(图278)。

(五)诊断 根据母猪乳房上特殊的放线菌肿块和切面特征性病变可作出诊断。确诊可取"硫磺颗粒",用生理盐水洗净,放在清洁的载玻片上压碎,在显微镜下降低光亮度观察,发现有光泽的放射状棍棒体的玫瑰形菌块即可确诊。

(六)防治 预防本病的要点是防止母猪乳房皮肤和黏膜损伤,仔猪生下哺乳前要剪去针状齿,防止咬伤乳房。当发现乳房皮肤和黏膜损伤时,要立即用碘酒或其他消毒药处理。母猪乳房上初现放线菌肿块时,可内服碘化钾,同时用青霉素、阿莫仙、红霉素等肌肉注射治疗,7天为一个疗程。如果肿块比较大,并发生溃疡后,治疗就比较困难。惟一省事的办法是手术切除肿块,图278就是切割下的放线菌肿块。

第七节　常发寄生虫病

一、猪肠道线虫

寄生于猪肠道的线虫主要有猪蛔虫、类圆线虫、猪结节虫、猪鞭虫和猪肾虫。前两种主要寄生在小肠内，第三、四两种寄生在大肠内，后一种多寄生在输尿管和肾。

（一）猪蛔虫　猪普遍感染猪蛔虫，但主要危害仔猪，使仔猪发育不良，甚至形成僵猪，造成死亡。

猪蛔虫寄生于猪小肠中，为淡红色或淡黄色大型线虫，体表光滑、中间稍粗、两端较细，虫体长15～40厘米，直径3～5毫米，雄虫尾端似钓鱼钩状，雌虫尾直。虫卵随粪便排出体外，发育成含幼虫的感染性虫卵，猪吞食后在小肠内幼虫逸出，钻入肠壁，经血流入肝发育，再进入血流到右心，经肺动脉到肺泡生长发育后，沿支气管、气管上行到咽，进入口腔，再次被吞下，在小肠内发育为成虫。成虫在猪体内寄生7～10个月。

仔猪感染猪蛔虫症状明显，主要表现咳嗽，呼吸和心跳加快，体温升高，食欲减少，营养不良，消瘦，变为僵猪，少数出现全身性黄疸。虫体阻塞肠道或进入胆管时、表现疝痛。有的猪出现阵发性、强直性痉挛、兴奋等神经症状。

成年猪感染猪蛔虫一般无明显症状。

剖检感染蛔虫的患病猪，可见幼虫在猪体内移行时损害的路径，组织和器官出血、变性坏死，常见肝组织致密、肝表面有灰色幼虫移行的遗迹、出血点、坏死灶（图279）；蛔虫性肺炎；小肠内有成虫；胆道中有蛔虫时可造

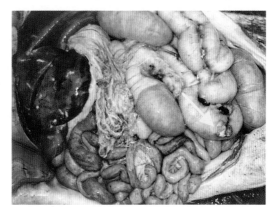

图279　猪肝脏的蛔虫移行灶和肠壁上被蛔虫损伤后的病灶

成胆道阻塞，肝黄染、变硬。

（二）**类圆线虫**　类圆线虫寄生于小肠，分布很广，是危害哺乳仔猪的重要寄生虫。只有孤雌生殖的雌虫寄生，成虫很小，长3.3～4.5毫米。幼虫可经皮肤钻入，经口、初乳及胎盘感染，经胎盘感染是新生仔猪的主要感染途径；发生胎盘感染时，出生后2～3天即可出现严重感染。

被感染仔猪，临床上常见腹泻和进行性脱水，严重感染时，10～14日龄前的仔猪生长停滞、发育不良，并可发生死亡。

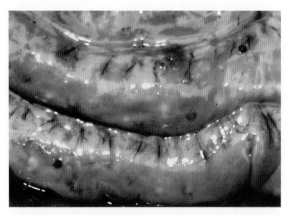

图280　从37日龄仔猪肠浆膜层看到的肠结节虫结节

（三）**猪结节虫**　猪食道口线虫的幼虫在大肠形成结节称猪结节虫，该虫广泛存在，虫体为乳白色或暗灰色小线虫，雄虫长6.2～9毫米、雌虫长6.4～11.3毫米。虫卵随粪便排出体外，发育成感染性幼虫，猪吞食后受到感染，该虫致病力虽弱，但感染哺乳仔猪或严重感染时引起结肠炎，粪便中带有黏膜，腹

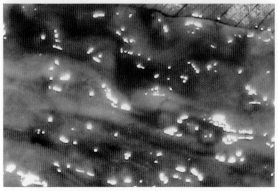

图281　仔猪肠壁上的结节虫结节

泻、下痢，特别是幼虫寄生在大肠壁上形成1~6毫米的结节，破坏肠的结构（图280、图281），使肠管不能正常吸收养分（含水分），造成患猪营养不良、贫血、消瘦、发育不良、衰弱。

（四）猪鞭虫 猪和野猪是猪鞭虫的自然宿主，人及灵长类也可感染猪鞭虫，是影响养猪业的一个普遍问题。

成年雌虫长6~8厘米、雄虫长3~4厘米，虫体前2/3细，约0.5毫米，深深钻入肠黏膜中；后部短粗，约0.65毫米，形似鞭子，故称鞭虫。卵呈腰鼓形。鞭虫感染可引起肠细胞破坏，黏膜层溃疡，毛细血管出血，常继发细菌感染；猪鞭虫感染可抑制其对常在菌的黏膜免疫力，导致发生坏死性增生性结肠炎。临床表现食欲减少，腹泻，粪便带有黏液和血液，脱水和死亡。

（五）猪肾虫 猪肾虫是猪有齿冠尾线虫的别称，它是猪的一种圆线虫。该虫是热带和亚热带地区平地养猪的主要寄生虫病，分布广泛，危害严重，常呈地方性流行。虫体粗壮，似火柴杆状，棕红色、透明，长2~4.5厘米。寄生于肾盂、肾周围脂肪和输尿管壁等处的包囊中，虫卵随尿液排出，在外界发育成感染性幼虫，经口腔、皮肤进入猪体，在肝脏发育后进入腹腔，移行到肾、输尿管等组织中形成包囊，发育为成虫（图282）。寄生猪肾虫的猪初期出现皮肤炎，皮肤上有丘疹和红色小结节，体表淋巴结肿大。消瘦，行动迟钝。随着病程发展，后肢无力，腰

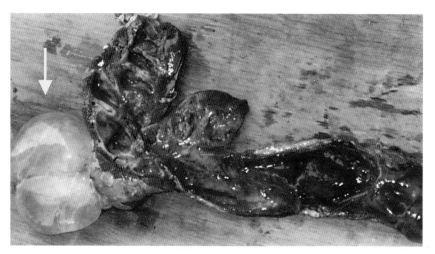

图282 猪输尿管上的肾虫寄生灶及肾虫包囊

背软弱无力，后躯麻痹或后肢僵硬，跛行，喜卧。尿液中有白色黏稠絮状物或脓液。公猪不明原因的破行，性欲减退或无配种能力。母猪流产或不孕。剖检常见肾盂有脓肿，结缔组织增生，有包囊，内有成虫。

二、猪肠道线虫的检查

检查诊断肠道线虫除剖检发现虫体外，常用的诊断方法是用粪便、尿液（查肾虫）直接涂片法或用粪便沉淀、漂浮法。

1.直接涂片法 首先在载玻片上滴几滴50%甘油生理盐水溶液（无此液可用常水），以牙签或火柴棒挑取少量粪便或尿液与之混匀，剔除粗大粪渣，涂成一薄层，然后在显微镜下检查。

2.沉淀检查法 取粪5克，加清水100毫升，搅成粪液，用两层以上纱布过滤于烧杯中，静置沉淀15分钟，轻轻倒去上清液，再加水混匀，再沉淀，如此反复操作数次，直至上清液透明后，吸取沉渣涂片检查。

3.漂浮法 常用粪便漂浮溶液有以下3种：① Sheather 氏溶液：白砂糖454克、水355毫升、甲醛溶液6毫升；②硫酸锌溶液：硫酸锌386克、水1 000毫升、调整比重到1.18；③硫酸镁溶液：硫酸镁350克、水1 000毫升、调整比重到1.30；④饱和盐水：在1 000毫升水中逐渐加盐至饱和。取粪便5～10克，选用上述一种漂浮液约20倍量与之混匀，然后用两层以上纱布过滤于杯中，静置半小时至1小时，蘸取其表面液膜于载玻片上，加盖玻片镜检。

三、其他寄生虫病

（一）猪疥螨病 猪疥螨病又称猪疥癣、癞病，是由猪疥螨引起的一种接触传染的体表寄生虫病。分布很广，几乎所有猪场都有，能引起猪剧痒及皮肤炎，使猪生长缓慢，降低饲料转化率，因此，该病具有重要经济意义。

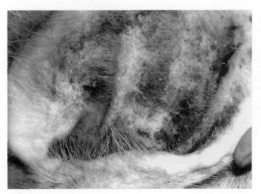

图283 疥癣病猪耳廓内
的皮肤结痂

疥螨虫寄生在皮肤深层由虫体挖掘的隧道内，虫体呈淡黄色龟状，长0.2~0.5毫米、宽0.14~0.35毫米，背面隆起，腹面扁平并长有4对短粗的圆锥形肢，前端有一个钝圆形口器。病猪是传染源，虫体离开猪体后可存活3周左右，通过直接接触和环境感染。

病变多由头部开始，常发生在眼圈、颊部和耳等处，尤其在耳廓内侧面形成结痂性病灶（图283），有时蔓延到腹部和四肢。剧烈发痒，患猪常在圈墙、栏柱等处擦痒，患部常常擦出血，严重者可引起结缔组织增生和角质化，导致脱毛，皮肤增厚，尤其在经常摩擦的腰窝部位，形成结痂，结痂如石棉样，松动地附着在皮肤上，内含大量螨虫，皮肤发生龟裂（图284、图285）。患猪休息不好、食欲减退、营养不良、消瘦，甚至死亡。根据症状和皮肤病变可作出初步诊断。确诊可在皮肤患部与健康部交界处用刀片刮取痂皮，直至稍微出血为止。直接涂片或沉淀检查。

1.直接浮片法　将刮取的病料少许置于载玻片上，加上数滴50%甘油生理盐水溶液或煤油，用牙签调匀，盖上盖玻片在低倍镜下检查。

2.沉淀法　将病料放入10%氢氧化钠液中煮沸，使毛、痂皮等固体物溶解，静置20分钟，吸取沉渣，低倍镜下检查，可发现各期螨虫。

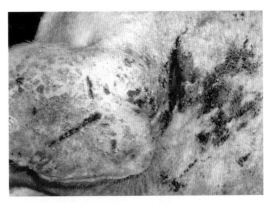

图284　疥癣病猪耳背和颈部皮肤上的疥癣痂皮

（二）猪囊尾蚴病

猪囊尾蚴病又称猪囊虫病，是由寄生于人体内的猪带绦虫的幼虫寄生于猪、人等体内的一种人畜共患寄生虫病。有猪囊虫的猪肉不能食用，经济损

图285　猪全身皮肤上长满疥癣

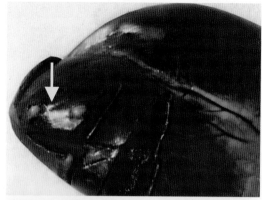

图286　寄生于心尖上的猪囊尾蚴

失较大。

　　本病多见于散放猪、连厕厩和人拉散粪的地区，猪吃了绦虫带孕卵节片或虫卵，在小肠内虫卵内的六钩蚴逸出，钻入肠壁，经血流到达身体各部，发育成囊尾蚴，肌肉中寄生最多。

　　猪寄生囊虫一般不表现明显的症状。只有在屠宰或剖检时在嚼肌、腰肌、膈肌、心肌等肌肉内有白色泡粒，大小如米粒状，内有一头节，故称"米星猪"（图286、图287、图288）。

图287　寄生于心肌(左)和胸肌(右)上的猪囊尾蚴

　　（三）旋毛虫病　旋毛虫病是由旋毛虫幼虫和成虫引起人和多种动物共患的一种寄生虫病。人吃了生的或未煮熟的含旋毛虫包囊的肉引起感染。猪吞食了含旋毛虫的老鼠或吞食了含旋毛虫的生肉引起感染。

　　旋毛虫成虫很小，寄生于小肠，故称肠旋毛虫；幼虫寄生于横纹肌，

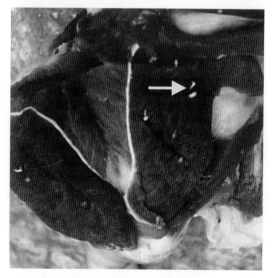

图288　寄生于后腿肌上的猪囊尾蚴

故称肌旋毛虫。肌旋毛虫在肌肉中外被包囊，包囊呈梭形，呈螺蛳椎状盘绕（图289、图290）。

旋毛虫病主要是人的疾病，猪自然感染后肠旋毛虫影响很小，肌旋毛虫一般无临床症状。

由于猪旋毛虫对人类危害严重，在公共卫生方面有重要意义，是肉品检疫的重要项目之一，方法是采取膈肌脚肉样，撕去肌膜与脂肪，先肉眼观察是否有旋毛虫包囊钙化灶；然后剪取24个肉粒，压片镜检，发现虫体即可确诊。

预防猪感染旋毛虫的措施是灭鼠，禁用混有生肉屑的泔水喂猪，防止饲料受鼠类污染；预防人的感染要严格肉品卫生检疫，不吃生肉及未熟化

图289 猪肌内的旋毛虫、虫体卷曲，还未形成包囊

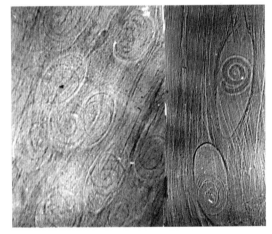

图290 猪肌肉内的旋毛虫包囊和虫体

的肉，切生肉和切熟肉的刀具、案板要分开，及时清洗抹布、案板、刀具等。

（四）猪弓形虫病 弓形虫病是由龚地弓形虫引起的人与多种动物共患的原虫病。在猪中常出现急性感染，危害严重。

弓形虫为细胞内寄生性原虫，发育需两个宿主，人及猪等多种动物是中间宿主，猫是终末宿主。猫食入含包囊形虫体的动物组织或发育成

熟的卵囊，在肠内进行繁殖后，形成卵囊，随粪便排出体外，污染饲料、饮水等，猪、人等食入后，在肠中发育，经淋巴液循环进入有核细胞，在胞浆内进行无性繁殖，形成部分包囊形虫体，引起发病。

各种品种、年龄的猪均可感染本病，但常发于3～5月龄的猪。可以通过胎盘感染，引起怀孕母猪早产、产出发育不全的仔猪或死胎。临床症状与猪流感、猪瘟相似。病初体温可升高到40～42℃，稽留7～10天；食欲减少或完全不食，大便干燥；耳、唇、四肢下部皮肤发绀或淤血；呼吸加快，咳嗽，吻突干燥；常因呼吸困难、口鼻流白沫、窒息而死亡。耐过猪长期咳嗽及神径症状，有的耳边干性坏死，有的失明。

弓形虫病的病理剖检变化主要是肺水肿，肺小叶间质增宽，小叶间质内充满半透明胶冻样渗出物，气管和支气管内有大量黏液性泡沫，有的并发肺炎；全身淋巴结肿大，切面湿润，有粟粒大灰白色或黄色坏死灶，其中，肠系膜淋巴结呈囊状肿胀；肝稍肿，呈灰红色，散在有小点坏死；脾略肿，呈棕红色。

从临床和病理剖检变化很难诊断弓形虫病，必须进行实验室检查：

1.直接涂片检查法　取可疑病猪的肝、脾、肺和淋巴结等做成涂片，用姬母萨氏或瑞特氏液染色，于油镜下检查，发现月牙形、梭形或弓形滋养体，或者发现卵圆形包囊型虫体时即可诊断；

2.动物接种　将肝、脾、淋巴结或脑组织等病料制成1∶10混悬液，给小鼠腹腔注射0.2～1毫升，观查20天，小鼠的腹水、肝、脾、淋巴结中可发现大量弓形虫体。

3.用弓形虫间接血凝试验，血清效价达1∶64时，可判为阳性。

预防弓形虫病有两点很重要，一是灭鼠；二是消灭野猫和不让家猫进入猪场。

治疗本病可用磺胺类药物，有较好的效果，例：①磺胺嘧啶70毫克／千克体重、乙胺嘧啶6毫克／千克体重，内服，每日2次，首次量加倍。②12%磺胺甲氧吡嗪注射液每头猪10毫升，每日肌注1次，连用4次。

（五）细颈囊尾蚴病　本病是由细颈囊尾蚴寄生于猪、牛、羊等的肠系膜、网膜和肝表面等处而引起的一种绦虫蚴病。

本病分布广泛，凡养狗的地方，猪一般都会有。病原体为寄生在终末宿主犬类动物小肠内的泡状带绦虫的细颈囊尾蚴病。患猪一般不显明显症状，只有在屠宰或剖检时可见肝、网膜、肠系膜上有鸡蛋大小的囊泡，形似"水铃铛"，泡内充满透明的囊液，因此，本病又称水铃铛（图291）。

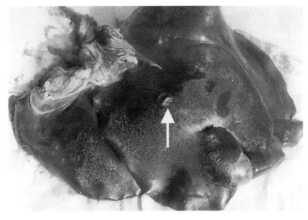

图291 寄生于猪肝上的囊尾蚴

（六）棘球蚴病 本病是由细粒棘球绦虫的幼虫——棘球蚴寄生于猪、牛、羊等家畜以及人的各种脏器内的人畜共患寄生虫病。

犬、猫等是细粒棘球绦虫的终末宿主，猪吃入被犬、猫粪便中的细粒棘球绦虫卵污染的饲料、饮水而感染此病。

严重感染的猪表现体温升高、下痢、咳嗽。

屠宰或剖检时可见肝、肺表面凹凸不平，此处能找到棘球蚴，切开有液体流出，内有不育囊、生发囊和原头蚴。

（七）猪肺虫病 猪肺虫病对猪有危害，特别是对仔猪危害大，严重感染可引起肺炎、造成咳嗽及呼吸障碍。

猪肺虫呈细丝状、乳白色，寄生于支气管、细支气管及肺泡，故又称该病为肺丝虫病。蚯蚓为中间宿主，猪吞食感染性幼虫或含感染性幼虫的蚯蚓而受到感染。

轻度感染肺丝虫的猪症状不明显，严重感染时，表现强烈的阵咳、呼吸困难，特别在运动和采食后剧烈。

剖检可见肺膈叶腹面边缘有楔状气肿区，支气管壁增厚、扩张，靠气肿区有坚硬的白色小结节，支气管内有黏液和虫体。

剖检时在支气管及肺组织中发现细丝状虫体可确诊该病，疑似该病时用沉淀法或漂浮法检查粪便中的虫卵（按肠道线虫的检查法）。虫卵呈椭圆形、棕黄色，卵壳表面粗糙不平，内含一蜷曲的幼虫。

预防本病的发生主要是防止猪舍及运动场出现蚯蚓。

四、寄生虫病的预防及治疗

随着伊维菌素等驱虫药具有广谱、安全、高效的特性，使猪寄生虫病预防和治疗由复杂变得简单，一是养猪生产者只要使用一种药物就能将体内、体外、多种、多样的寄生虫杀死或驱除；二是在饲料中定期添加一定量的驱虫药、按一定时间饲喂，就能达到把虫卵、幼虫、成虫一齐驱除、杀灭的作用；三是安全，无论大猪、小猪，公猪、母猪、妊娠母猪用药后都很安全。因此，只要按程序投药就能把寄生虫病控制住。

1.常用的驱虫程序　①种公猪每年4月初、10月底各驱虫一次；②怀孕母猪产前1～4周驱虫一次；③后备母猪初配前2～3周驱虫一次；④仔猪在转入生长群前驱虫一次。

2.简单驱虫程序　全场一齐驱，3个月驱一次。

3.驱虫药的选择　驱虫药应选择高效、安全、广谱的抗寄生虫药物，如伊维菌素，该药的使用剂量是每千克体重10微克。大群猪驱虫时最方便的方法是拌料饲喂，连喂7天。寄生虫感染严重时，可于首次用药后7～10天再重复用药7天。

4.驱虫应注意的事项　猪群驱虫时，有两点要注意：一是驱虫药的剂量要准确，无论使用何种药物，一定要先做小群试验，然后再大群使用；二是用药驱虫的同时，应彻底打扫清洁卫生，粪便集中堆集发酵等。

第八节　遗传性、发育性疾病

猪常发生发育性疾病或缺陷，缺陷可以是解剖学的（器官的不发育、发育不全或发育不良）或功能性的。解剖学缺陷也称结构异常、发育异常或畸形。具有特别古怪的结构异常的新生动物通称为畸胎。最典型的畸胎应为象猪，先天性多关节屈曲、外翻腿和多趾是常见的畸胎之一。

某些发育异常较常见于某些品种，表明这些疾病具有遗传倾向，遗传缺陷通常在出生时就很明显的称为先天性缺陷。猪先天性缺陷（隐睾、脐疝、腹股沟疝、锁肛、外翻腿、后躯麻痹、雌雄同体、上皮形成不全、尾发育不良）等的发病率居各种家畜之首。玫瑰糠疹、长指甲应为自发性缺陷。据专家统计仔猪的先天性缺陷的发病率至少在2%～3%左右。下面是一些仔猪缺陷的资料：

一、象猪

图286中那头象猪是纯种杜洛克，公，死胎。妊娠期115天，同胎13头，公7头，母6头，活仔12头，象猪1头，初生重平均为1 467克。象猪重1 800克，全身无毛，皮肤红白色。头部似象，有一个"象鼻"从额部长出，长40毫米、直径15毫米，超出上唇20毫米，鼻孔长在正中；鼻根下两边有眼，只有眼缝、无眼睑、无眼球；上唇呈"0"形，上牙床有针状牙3颗、门齿1颗、两边各1颗；下唇和舌正常，下牙床针状牙各两颗（图292、图293）。该象猪大脑发育不全（图294），软脑膜下脑室空空的，前1/3没有大脑组织，而是一层4毫米厚的黄色胶冻样块，表面有丝丝微血管（图295），后1/3是小脑和大脑未发育完全的一小部分（图296）。鼻内有鼻道和不规则的鼻甲骨。

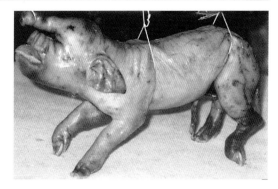

图292　象猪

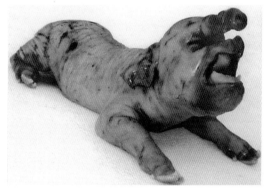

图293　象猪

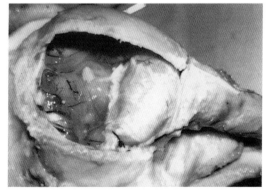

图294　象猪大脑发育不全，软脑膜下是空腔，前1/3是一层4毫米厚的黄色胶冻样块，后1/3是小脑和大脑的一小部分

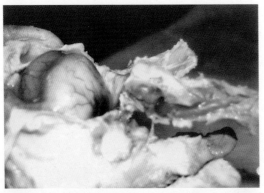

图295　象猪脑室的前1/3是一层4毫米厚的黄色胶冻样块，表面有丝丝微血管

二、赫尔尼亚

赫尔尼亚又称疝，脐疝和腹股沟疝是猪最为常见的发育缺陷之一。疝是指腹腔的肠管从自然的孔道或损伤后的腹壁裂孔脱出到皮下的疾病。可分为先天性疝和后天性疝两类，先天性疝多发于幼猪，最常见的有脐疝、公猪阴囊疝和母猪腹股沟疝3种；后天性疝多因外伤损伤腹壁而引起，如腹壁疝。先天性疝有遗传性，发生较多的种猪场，占总仔猪数的3%～5%。

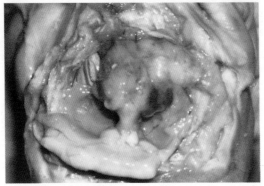

图296　象猪脑室的后1/3是小脑和大脑尚未发育完全的一小部分

（一）**脐疝**　常因脐孔闭锁不全或完全没有闭锁，引起肠管从脐孔脱出至皮下而形成。表现是：脐部出现一个拳头大乃至胎儿头大的半圆形或圆形肿胀，触摸时柔软，在肿胀部与腹壁交界处可触摸到脐带孔，往孔内、朝腹腔方向推，容易把疝内的内容物（肠管）推回腹腔，

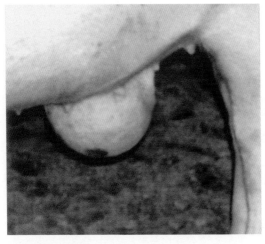

图297　脐疝

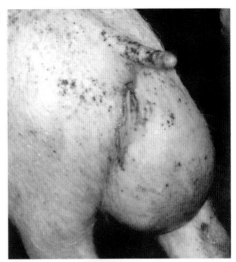

图 298　公猪阴囊

而当手松开后，内容物又会掉出，肿胀又恢复。在肿胀部听诊，可听到肠蠕动声。当疝内肠管被嵌闭在脐孔当中时，则肿胀坚硬、有热痛感，患猪出现腹痛不安、排粪减少、臌气等全身症状（图297）。

（二）**公猪阴囊疝**　出现在阴囊内，表现阴囊部膨大，触摸时可摸到疝内容物（多为小肠），也可摸到睾丸（图298）。

（三）**母猪腹股沟疝**　母猪在左或右腹股沟部，出现肿胀、膨大，触摸时也如触摸脐疝的感觉（图299）。

（四）**腹壁疝**　常在腹壁上见到球状肿胀，多由外伤引起，触摸可摸到腹部肌肉的破口，也如触摸脐疝的感觉（图300）。

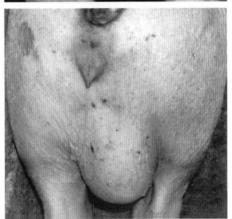

图 299　母猪腹股沟疝

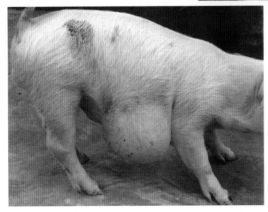

图 300　腹壁疝

（五）疝的治疗 还是以手术疗法为好，而且彻底。手术时除按外科手术常规进行外，有几点关系手术的成败：①早发现，早手术；②手术前应停食1天；③术部剪毛洗净，涂5%碘酊消毒，并用1%普鲁卡因10～20毫升做术部边缘3点或环形浸润麻醉；④手术时不要损伤疝壁、肠壁、阴茎等，如果是阴囊疝最好手术的同时就摘出睾丸；⑤当还纳肠等疝内容物后，对脐孔、腹股沟孔或腹壁创口要确切、牢固地缝合；⑥术后消毒要严，在皮下创腔内撒布青霉素粉加少量碘仿。

三、关节屈曲症

又称先天性多关节屈曲、先天性多关节强直。其特征是关节固定或强硬、屈曲或伸展。该病是由多种原因引起的，如仔猪出生前受病毒感染、植物或化学物质中毒、高热、营养缺乏和遗传。图301、图302中的这两头死胎就是关节屈曲症，汉普夏纯种，妊娠期117天，母猪布氏杆菌病虎红平板凝集反应强阳性，同胎7头，这两头畸胎外，另有2头死胎、1头木乃伊胎、活仔2头。

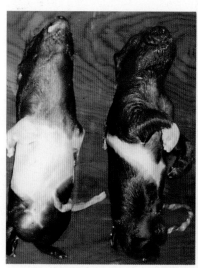 

图301 关节屈曲症胎儿（腹面观）两前肢和后肢屈曲，两前肢似翅膀　　图302 关节屈曲症（背面观和侧面观），四肢关节屈曲

图 303　两头外翻腿猪的四肢都外翻

四、外翻腿

人们从临床上认识外翻腿已有20多年，主要由肌原纤维发育不良所至。除遗传缺陷外，产生的原因有多种，妊娠后期母猪玉米赤霉烯酮中毒和应激、肌肉发育不成熟等也能出现外翻腿。产房地面过于平滑和倾斜会促使易感仔猪发病。图303中这两头仔猪系长大二元杂交猪，其母产第三胎，总产仔10头，死胎4头、木乃伊1头、活的弱仔5头，生后半小时出现2头外翻腿。查该母猪第一胎总产仔10头，死胎2头、活的弱仔8头、其中外翻腿3头；第二胎总产仔8头，死胎2头、外翻腿4头。查种公猪后代中未见外翻腿。说明该母猪遗传缺陷。

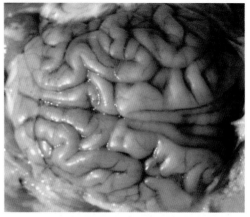

图 304　外翻腿猪脑水肿，脑组织苍白，脑沟充满清亮液体

外翻腿一般在出生时或出生后几小时出现，其特征是不同程度地后肢软弱无力，有时也波及前肢，部分病猪尚能艰难地起立行走，呈现一种非典型的后肢

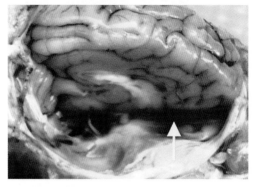

图305　外翻腿猪脑水肿，纵切大脑，脑室内流出大量淡红色液体

或前肢外翻腿样运动不协调。但重症者不能站立。受害肢向外侧翻腿。因此，患猪以后躯或前躯及外展的后肢或前肢着地而坐。一般不伴有共济失调现象。外翻腿在初产仔猪中约占3%左右。

剖检图296中这2头外翻腿仔猪，2头都出现脑水肿（图304、图305）。

五、肢体发育不全

肢体发育不全主要由于遗传与一个或多个环境因素交互综合作用的结果，在初生仔猪中较常见。2005年4月20日一农家饲养的1头长本二元母猪，第3胎产下仔猪6头，总共只有13条完整的肢体（图306）。其中1头小猪有3条肢体外，其余5头小猪均只有2条肢体。有4头小猪只有2条后腿，其中2头前肢至膝关节和肘关节以下缺失，另2头则完全没有前肢；有1头只有一条左后肢，还是关节屈曲（图307、图308、图309）。该猪第2胎的仔猪中出现耳发育不全者。

（图306～309为杨洪贵摄）

图306　6头仔猪只有13条完整腿，这是其中4头猪
（杨洪贵摄）

图307　该猪右前肢缺失，左前肢关节屈曲、右后肢发育不全
（杨洪贵摄）

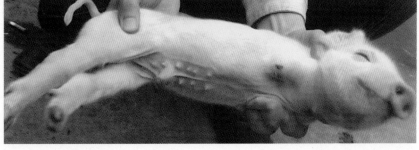

图308 该猪右前肢缺失，左
前肢发育不全
（杨洪贵摄）

图309 该猪只有一条左后
肢好似发育良好，
但还是关节屈曲
（杨洪贵摄）

六、后躯麻痹

图310中这两头纯种杜洛克仔猪
生下时就是后躯麻痹，同胎8头，另6
头正常。外面这头步行时后肢不能迈
步，拖地、摇摆。剖检时只发现脊柱
上凸。里面1头，步行时后肢不灵活，
强行迈步、步态不协调。

图310 后躯麻痹仔猪，生下时就如此

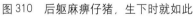

七、雌雄同体和锁肛

图311中这头长约二元杂猪是阴户和睾丸同时存在的雌雄同体并锁肛。同胎13头，只有这头先天性缺陷，肛门为锁肛，不能排粪，下有阴门，不见排尿，阴门下有两个发育良好的睾丸，初生时就不会吮乳，人工哺乳时能食入，7天后死亡。图312中的这头约长二元杂猪，阴户内长出一个小阴茎的雌雄同体。这一类型的雌雄同体猪一般是睾丸长到子宫角上、卵巢附近。图313是1头纯种约克猪，也是阴户内长出一个小阴茎的雌雄同体，长到130千克时也不表现发情，屠宰时发现两个睾丸长在子宫角上、卵巢附近（图314）。图315是锁肛，粪便从阴门内排出。

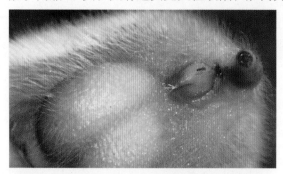

图311 雌雄同体（阴户和睾丸同在）和锁肛猪

图312 雌雄同体（阴门中长出一个小阴茎）

图313 阴户内长出小阴茎的雌雄同体

八、上皮形成不全

上皮形成不全是皮肤生长过程中的一种遗传性缺陷，通常在背部、腰部和后肢出现2～10厘米或更大的圆形无皮区。图316中这

图314 雌雄同体猪,睾丸长到
子宫角上,卵巢附近

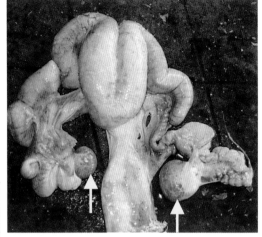

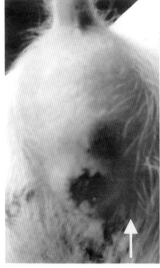

图315 锁肛、粪从阴门
中排出

头上皮形成不全的仔猪,是杜洛克
纯种,同胎8头,其余正常,在背腰
部至两腹有4厘米×7厘米左右一片
长圆形无皮区,骨肉外露,采食及其
他均正常,随着日龄增长,外露部分
逐渐缩小,但始终未能全部愈合,生
长缓慢。据资料记载,本病与肾盂积
水相关联或者说通常伴有肾盂积水,
死亡率高。

图316 这头杜洛克仔猪,出生
时就上皮形成不全

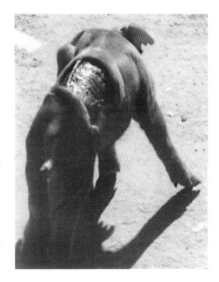

九、玫瑰糠疹

又称银屑样脓疱性皮炎，专指猪的皮肤上出现外观呈环状疱疹的脓疱性皮炎，图317是一头长白猪，图318是一头约克猪。本病常见于3～14周龄的仔猪和青年猪，属于一种遗传性、良性、自发性、自身限制的青年猪疾病，初生时不表现出来，在生长中才出现，患过病的母猪所生仔猪发生该病的频度高，但在一窝仔猪中，通常只见一头后来发病。

临床上病变多见于腹下、四肢内侧、尾部四周、臀部等处。病初在患部皮肤上出现小的红斑丘疹，有些地方出现小脓疱，丘疹和小脓疱隆起，但中央低，呈火山口状。迅速扩展为项圈状，外周呈红玫瑰色并隆起，项圈内复盖着灰黄色糠肤状银屑，故称玫瑰糠疹（图317）。随着项圈的扩展，病灶中央恢复正常，当相邻的项圈各自扩展，可相互嵌合、相互融合。患部不掉毛、不瘙痒。治疗无特效药品，主要是防止继发感染，若无继发感染，经1个多月可慢慢地自然消退，皮肤恢复正常。

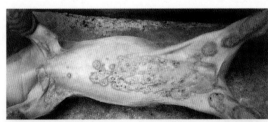

图317　玫瑰糠疹

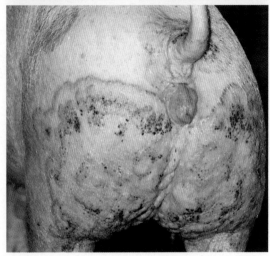

图318　玫瑰糠疹

十、多趾

多趾畸形是遗传缺陷中最常见的一种。图319中的两头多趾是同一胎猪，纯种约克，母猪妊娠期112天，产仔12头，死胎1头，11头活仔

图319 多趾猪

中有6头出现前肢多趾，多趾情况如下表：

猪编号	左前肢趾头数	右前肢趾头数	备 注
1	正常	5	
2	正常	6	
3	6	6	
4	5	6	
5	5	5	
6	6	6	

经查，种公猪的后代中无多仔出现，母猪的后代中出现多仔。

十一、长趾甲

长趾甲属于自发性缺陷，这种异常是由多因子引起的，是遗传倾向与环境因素交互综合作用的结果。图320中的长趾甲就是遗传与长期在不平、倾斜的水泥地板上饲养交互综合作用下形成的。

十二、双胆

双胆，属于结构异常。一般认为这种现象是由遗传与多个环境因子交互综合作用引起的。图321中一个肝上有两个胆，上面的小胆有5厘米×3厘米×3厘米大，下面的大胆有9厘米×6厘米×6厘米大，两胆由一条管道相通。

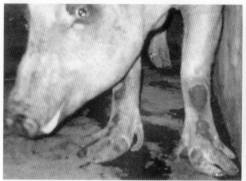
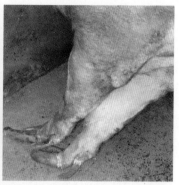

图 320　后肢长趾甲

图 321　双胆

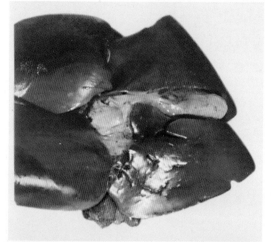

十三、耳形成不全

图 322 中这头猪两耳形成不全，是耳形成过程中的一种遗传性缺陷，左耳有一个很小的耳廓，但没有耳道；右耳只是一个肉铃铛，耳廓、耳道都没有。

要减少或消除遗传缺陷，主要的办法就是找出带有遗传缺陷基因的种猪，进行淘汰。另外，除育种需要外，一般不要近亲繁殖，因近亲繁殖的后代容易出现遗传缺陷。

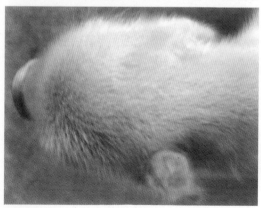

图 322　外耳形成不全

第九节　杂　症

一、猪咬尾症

在集约化养猪中，猪咬尾的现象比较常见，多在10~40千克体重的保育、生长猪中发生，特别是20千克左右的猪更易发生咬尾，轻者咬去半截（图323、图324），重者尾全部被咬掉（图325），有的甚至把尾根周围咬成一个凹窝，流血不止。一个猪的尾被咬出血，其他猪就会争相来咬它，咬尾的猪只要偿着血腥味，就想去咬其他猪的尾吸血，

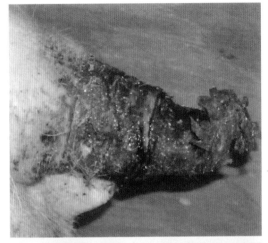

图323　猪尾被嚼烂，咬去一半

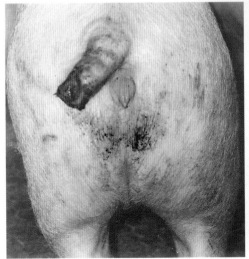

图324　猪尾被咬去大半截

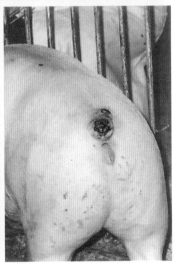

图325　猪尾全部被咬光

这头咬那头、那头咬这头，很快一个栏内的猪就相互被咬尾。互相咬尾就不想采食，血液流得过多会产生贫血，加之尾部发炎，严重影响健康。尾部咬伤发炎常常继发猪化脓性放线杆菌感染，猪化脓性放线杆菌顺椎管而上，造成化脓性脊柱炎，引起后躯麻痹、瘫痪，危害相当严重。

引起咬尾的原因主要是10~40千克重的猪正处在好玩喜斗的时期，开始咬尾是为了玩，当尾被咬破流出红色的血液以及血腥味被猪看到、嗅到时，出于好奇心理，就去舔吮、拱咬，成了同栏猪的嗜好。这是造成猪咬尾的主要原因；另外，日粮中蛋白质、维生素和微量元素不足或不平衡，猪只也会咬尾；舍温过高、氨气重、光照过强，使猪不舒适、不采食、兴奋烦躁而咬尾。

为预防猪咬尾，在仔猪初生时就采用断尾，可以有效防止保育和生长猪咬尾。另外就是要消除造成咬尾的原因。一旦发现猪尾被咬伤，就要立即隔离，单独饲养，按外伤常规治疗。

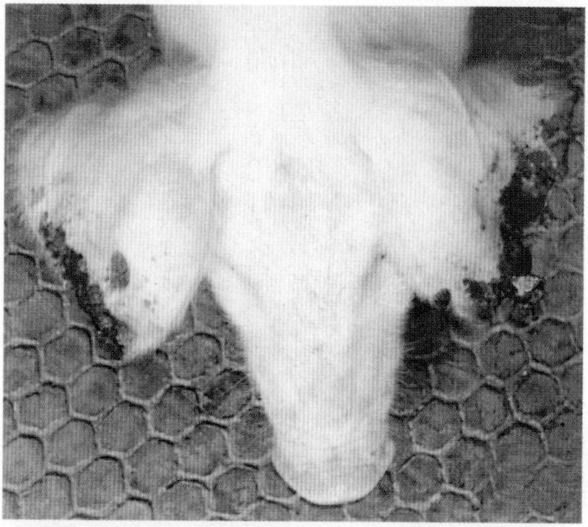

二、猪耳坏死

耳坏死是1~10周龄仔猪发生的一种综合征，它的特征是耳出现双侧性（图326）或单侧性（图327）坏死。本病的发生主要是由于耳皮肤损伤后，病原微生物感染造成耳坏死和溃疡。最常见的病原

图 326　耳双侧性轻度坏死

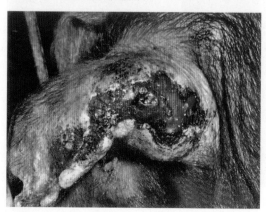

图 327　单耳重度坏死

这有猪葡萄球菌、链球菌和螺旋体。本病的感染率很高，有时高达80%。

小猪发生本病时，病灶多在耳尖和耳廓后缘，大猪多为耳基底部坏死。耳部的病变程度不一，轻者耳尖、耳廓边缘、耳廓基底部表皮层皮炎；重者耳发生渗出性炎症、溃疡、坏死、干固（图328）、结痂、卷曲，最终耳部分或全部脱落（图329）。病猪有时表现食欲不振、发热等症状，个别病例还会死亡。

预防本病的发生主要是避免猪只打斗或咬耳，搞好厩舍卫生。治疗可用青霉素、阿莫西林等抗菌素注射，加上局部外伤处理。

图328 双耳坏死、干固

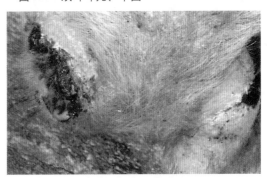

图329 双耳坏死、脱落，只剩下耳根

三、阴道、子宫脱出及脱肛

阴道脱出、子宫脱出及脱肛从理论上讲是3个不同的概念，阴道脱出（图330）是指阴道壁的一部分或完全脱出阴门外；子宫脱出是指子宫内翻、翻转脱出于阴门之外；脱肛（图331）实际上是直肠脱出肛门之

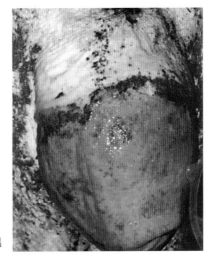

图330 母猪阴道脱出

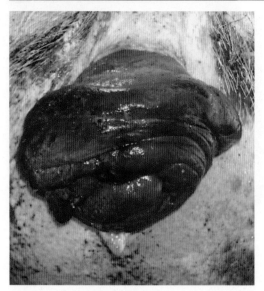

图331 便秘猪造成直肠脱出

外，习惯上称脱肛。这三个症状不少书上把它定为三个病，并独立列项、进行论述。实际上这三个症状在发生原因上多是相同的，有内在的联系，特别是阴道脱出和子宫脱出实际上就是一回事，在脱出的时候，只是前与后、时间及程度不同而已，发生阴道、子宫脱出的时候，有时也会伴发着脱肛。发生这三个症状时，复位的方法也基本上相同。因此，不必要分作三个病来论述，并归在一起简单、易懂、易做。

这三种症状发生的主要原因有：母猪怀孕期饲料营养不足，缺乏蛋白质和矿物质；母猪老龄，长期卧地，运动不足；便秘或长时间拉稀；难产、过度努责等。

阴道脱出多见于妊娠末期及产后，子宫脱出多发生于产后，造成难产时不仅会发生阴道脱出，也会发生子宫脱出，有时也会发生脱肛。便秘常常造成脱肛。阴道脱出和脱肛多见，子宫脱出少一些。

复位阴道脱出、子宫脱出和脱肛的原则是越早越好，早发现、早复位。阴道和脱肛刚发生、不全脱出时就要复位，复位过程是：①清洗消毒脱出的部分，可用0.1%高锰酸钾或0.1%新洁尔灭溶液冲洗；②如果脱出部分已发生水肿，可用2%～3%的明矾水冲洗（如果在夏天蚊蝇多时，可在明矾水中加适量花椒粉）后，再用细针尖散刺水肿部分，让其水肿液充分溢出，再用明矾水冲洗，除去水肿和坏死组织；③整复脱出部分，用浸泡过消毒液的湿纱布，双手托住脱出部分，慢慢塞回阴门或肛门内；④用75%酒精40毫升左右，等分三点或四点注射于阴门或肛门周边皮下，注射部位会发生疼痛和肿胀，使猪不敢努责，肿胀能起到机械性地阻止脱出部分再脱出。⑤脱出部分复位后，要加强护理，喂食七分饱。

四、种猪肢蹄病

(一) 蹄裂 蹄裂（图332）是种公猪和种母猪经常发生的一种蹄病，往往造成种猪跛行，甚至使患肢残废，公猪不能配种，母猪怀孕期不堪重负而中途使胎儿夭折，因此，使种猪失去生产能力而被迫淘汰，造成的损失是严重的，应该引起重视。

造成蹄裂的原因是多因素的，有厩舍地面粗糙、不平损伤猪蹄；有品种（如长白猪）的蹄质差造成；还有一个重要原因是日粮中缺乏生物素，生物素缺乏能引起猪蹄部病变，表现为蹄底青肿、糜烂溃疡、蹄壳开裂；用生鸡蛋饲喂种公猪，蛋清吸附了饲料中的生物素而使种公猪缺乏生物素而造成蹄壳开裂。

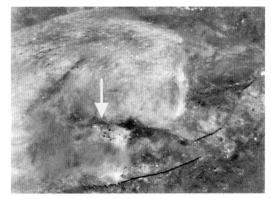

图332 猪前肢蹄开裂

蹄裂一般由蹄匣边缘纵裂，然后蔓延至蹄匣正中，严重时纵裂部渗血（图333），裂痕感染时引起蹄肿大，患猪不愿行走，驱赶时出现疼痛状，发出呻吟声。

蹄裂发生后首先要查

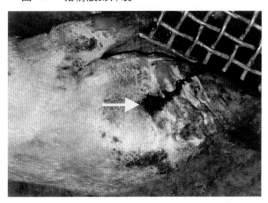

图333 猪后肢蹄开裂、出血

找造成蹄裂的原因，加以排除，防止蹄裂的再发生。另外就是要精心护理、防止感染，让其尽快恢复。具体措施：①加强猪只运动，锻炼猪的蹄匣和适应性；②在饲料中添加各种维生素和生物素，用鸡蛋喂种公猪必须煮熟；③改善饲养环境，栏舍地板既要防滑又不宜粗糙，坡度也不要过大；④发生蹄裂时，可先用8%硫酸铜液浸泡蹄半小时左右，再用手术刀剔除蹄裂周围组织，然后再用5%氯化铁溶液或松榴油1份、橄榄油9份混合后涂抹，每日一次。把蹄裂猪放入清洁的猪栏内，单独饲养并精心护理。

（二）腐蹄病 腐蹄病是猪蹄受损伤后，感染化脓，肢蹄肿大，跛行，以至不能站立或蹄尖点地，表现疼痛，蹄冠部逐渐肿胀、化脓，严重时变成坏疽性病灶，有脓汁或血液渗出，恶臭，创口很难愈合，有时整个蹄底裂开，蹄匣脱落、变形（图334）；有些感染可蔓延至整个腿、关节，造成整个肢蹄严重肿大，甚至瘫痪，不能配种。

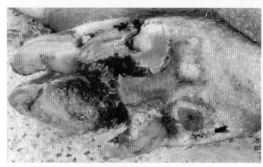

图334 猪蹄后部腐烂坏死

腐蹄病的治疗可用双氧水或0.1%利凡诺尔溶液反复冲洗伤口，再涂上10%鱼石脂软膏。

五、猪的阉割创

猪的阉割是开放性创伤，如果手术中消毒不严、手术后厩舍不清洁污染创口都易造成感染，成为化脓性创伤。特别是不依种用的后备公猪和淘汰的大公猪阉割后常常出现感染、化脓，这是种猪场的麻烦事之一。

猪的阉割创感染表现创口出血、裂开，创缘和创面肿胀，局部增温，创口不断流出脓汁，创面溃烂（图335），形成很厚的脓痂（图336），体温升高。当创伤炎症逐渐消退后，创内出现新生肉芽组织，肉芽呈红色平整的颗粒状，表面附有少量灰白色的脓性物，结盖，创口

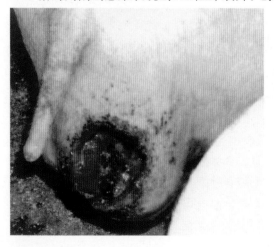

图335 公猪阉割后，创口感染，化脓溃烂

图336　公猪阉割创感染后结
　　　　脓痂

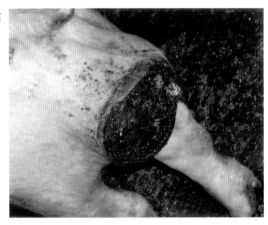

愈合。

　　为预防阉割创感染，术部必须严格消毒，阉割大公猪时，要先用穿线结扎总鞘膜、精索及血管，然后才除去睾丸。用5%碘酊涂擦阴囊内壁，再撒入青霉素、阿莫西林或碘仿磺胺粉（1∶9），防止感染。阉割后的猪要放入清洁卫生的猪舍内，并勤扫粪尿、污物和消毒，避免感染。一旦感染，要做好清创、排脓，体温升高的注射抗生素，使创口早日愈合。

六、日光灼伤皮肤

　　白毛、白皮猪较长时间地在阳光下晒，紫外线可以灼伤皮肤。这是饲养白色瘦肉猪，如长白、约克及其杂交后代时常发生的，特别是有运动场的猪舍，猪只长时间在阳光下晒，灼伤皮肤，引起发炎，甚至化脓，产生全身性损伤危，及猪的生命。

　　在日光下时间不太长，灼伤猪的皮肤，先是全身发红，接着就有皮屑产生，为轻度灼伤（图337）。此时，不要让猪继续在阳光下晒，过几天就会好。在日光下时间太长，特别是中午、夏天就更厉害，很快会把猪的皮肤灼伤，先是全身发红、

图337　猪皮日光轻度灼伤，
　　　　发红后皮屑脱落

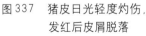

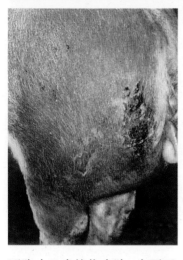

图338　猪皮日光重度灼伤，全身皮肤均匀发红，产生水泡、破溃、化脓、坏死

发紫，猪十分不安，频频走动，找水喝，找遮阴的地方站，不吃食，这是皮肤受到严重灼伤。几个小时以后，红皮上就出现水泡，水泡很快破溃、化脓、坏死，患猪发热，体温升高（图338）。

发现阳光下猪皮发红，要立即把猪只赶到阴凉的地方，避免阳光照射。重度灼伤要消炎、降温、防止感染、护肤。为了防止日光灼伤皮肤，在夏天、特别是中午不要将白毛猪放在日光下直接晒，冬天早晚可以晒一会，但时间不能过长，猪的运动场最好搭上遮阳网。

七、蜂窝织炎

蜂窝织炎是指发生在皮下或肌间等处的疏松结缔组织的一种急性、弥漫性、化脓性感染。在瘦肉型猪中耳部常发生蜂窝织炎。

（一）病因　蜂窝织炎可由皮肤擦伤或软组织损伤感染而引起，也可由局部化脓病灶扩散或通过淋巴、血液转移。最常见的致病菌是链球菌、葡萄球菌。

（二）病变特征　蜂窝织炎常发的部位是皮下（特别是猪耳的皮下）、黏膜下、筋膜下、软骨周围、腹膜下及食道、气管周围。在瘦肉型猪中耳部常发生蜂窝织炎，又以保育猪常发，多为一只耳的皮下出现炎症，由耳根部向耳尖发展、臌起、肿胀，切开或用针头穿刺流出淡血水（图339、图340）。再进一步

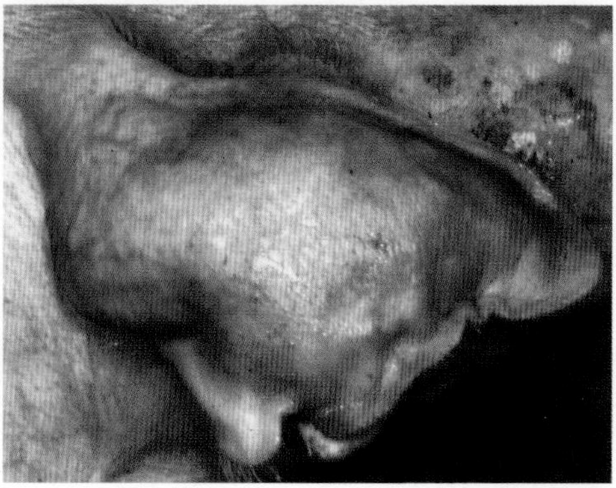

图339　猪耳蜂窝质炎，耳部皮下急性炎症、水肿

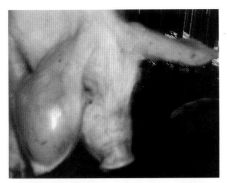

图 340 猪耳蜂窝质炎，耳极度肿胀，其内充满炎性渗出物，造成耳下垂，穿刺后流出淡红色液体

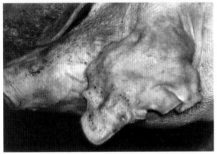

图341 耳蜂窝织炎消退，皮肤出现皱缩

图342 耳蜂窝织炎消退后，皮肤皱缩，整个耳形"马筒样"

发展，肿胀部位皱缩（图341）。随着炎症的消退，耳皱缩成囊状，有似"饺子"样的、有似"鸡冠"样的、或似"马桶"样的（图342、图343）。虽对全身无多大影响，但在种猪出售时就受到挑剔、很少有人要，影响了种猪的价值。

（三）治疗 蜂窝织炎发生后，刚开始还硬时不要急着处理，待肿胀部位发软、有波动感时再处理。皮肤消毒后，在肿胀部位的下方切开，把炎性渗出液挤出，用0.1%高锰酸钾液冲洗，再用生理盐水冲洗后，塞入适量青霉素或阿莫西林即可，开创处不必缝合。

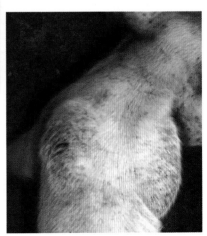

图343 肩胛周围的蜂窝质炎

八、肠扭转

肠管本身发生扭转称为肠扭转。成年猪、尤其是母猪多发，扭转部位常发生于结肠、盲肠和空肠，结肠扭转可在生长猪中散发。饲料过度发酵、酸败或饲料冰冷都能刺激肠管发生扭转。

肠扭转的一般过程是：当一段肠管剧烈蠕动，另一段肠管弛缓而内充满食物，

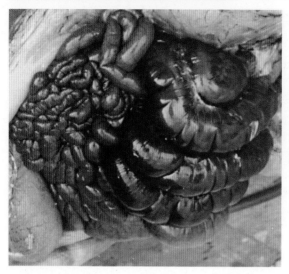

图344　肠纽转
纽转肠段淤血、水肿、出血和坏死

充实的肠段系膜就会拉紧，当前段肠管内食物迅速后移，或猪体突然跳动、翻转等动力作用下，肠管即有可能发生扭转。图344中的结肠顺时针方向发生扭转，造成肠严重淤血、出血、臌气和移位，致使猪只死亡。肠扭转过程中患猪一般不表现临床症状，扭转后出现疼痛、不安、挣轧、在地上滚动，并出现呼吸困难等症状。剖检时结肠、盲肠内容物呈血样，黏膜严重出血呈污黑、坏死，其他肠段也出血。

九、肠套叠

一段肠管套入邻近的肠管内称为肠套叠。本病多发生于断奶后的仔猪，图345中的肠套叠，患猪就是一头断乳后的保育猪。

肠套叠发生的一般原因是：仔猪在饥饿或半饥饿时，肠管长时间处于弛缓和空虚状态，一旦食物由胃进入肠腔内时，前段肠管的肌肉伴随食物急剧蠕动，套入相接的后段的肠腔中。

肠套叠的临床症状是：患猪突然发病，表现剧烈腹痛，鸣叫，倒地，卧立不安，四肢划动，跪地爬行或翻滚；有的腹部收缩，背腰拱起。肠套叠初期，频频排粪，后期则停止排粪。体温一般不高，结膜充血，心跳加快，呼吸增数。十二指肠套叠时，常常发生呕吐。肠套叠的发生，多

数预后不良，因此，对仔猪要加强饲养管理，定时喂料，不让其过分饥饿，也不要让猪猛吃、猛喝；更不能喂给有刺激性的饲料，防止肠套叠发生。一旦发生，很多资料都说：早期确诊、施行手术，除非是用B超诊断，否则很难做到。

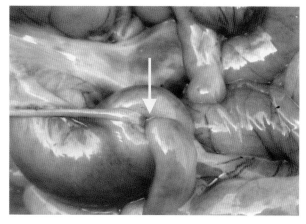

图 345 肠套叠

十、磺胺类药物中毒及残留

自1935年人类发现百浪多息对小鼠溶血性链球菌感染有强大的治疗作用以来，70年中，世界上合成的磺胺类药已超过1万多种，在我国常用的也有20多种，广泛应用于人畜疫病的治疗上，发挥着抗菌作用。

在使用磺胺类药物治疗猪等动物时，以下几点应引起注意，否则会产生中毒及残留，造成对人类的危害。

（1）磺胺类药物的作用与血中浓度有关，如使用剂量过小，以致血中浓度过低时，不仅不能产生抗菌作用，反而会引起细菌的抗药性。如使用剂量过大时，血中药的浓度随即升高，又易引起磺胺类药物在泌尿系统中产生沉淀而出现晶尿症、以致尿闭症，造成被治猪死亡。

（2）磺胺类药物的排泄途径根据药物的吸收程度而异，难吸收的随粪便排出，易被吸收的绝大部分随尿排出。由于磺胺类药物在尿中的浓度高，比血中的浓度高10～20倍，如利用磺胺类药物治疗泌尿系统疾病时，应酌减用量。当肾炎时则应防止产生副作用，最好不用。

（3）磺胺类药物的排泄和动物的年龄有关，幼年动物的肾脏对磺胺类药物的代谢没有成年动物容易。在适当应用下，磺胺类药物对动物的毒性不大，但当疗程过长、剂量过大和动物个体具有特异体质时，则产生副作用或中毒症状。如一个种猪场，35日龄断奶仔猪发生仔猪副伤寒，

图 346　患猪多次大量使用磺胺类药物后造成肾髓质内广泛性磺胺结晶残留

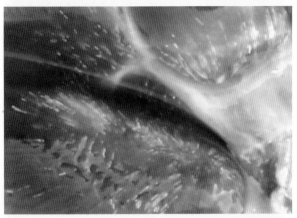

图 347　患猪肾乳头内呈放射状的磺胺晶体

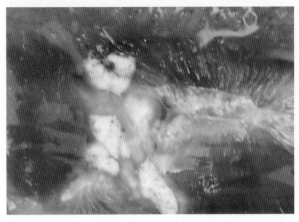

图 348　患猪肾乳头内呈放射状的磺胺晶体和肾盂内大块状的磺胺结晶

饲养员多次并使用大剂量磺胺类药物肌肉注射治疗，结果病猪发生磺胺类药物中毒、死亡。剖检时，在肾脏的髓质部、肾乳头、肾盂中有大量磺胺晶体，堵塞尿道（图346、图347、图348）。

（4）当磺胺类药的对位氨基中的一个氢原子为乙酰基所取代而成为乙酰化合物，乙酰化合物在酸性尿中难于溶解，不易从尿中排泄，残留在体内，因此，在应用磺胺类药物时，应给于碳酸氢钠使尿呈碱性，否则容易引起肾结石、尿道堵塞和磺胺类药在肉食动物中残留。在肉中残留的磺胺类药可形成人的耐药性或使过敏体质者发生过敏，造成对人类的危害。

为了防止肉中残留的磺胺类药对人类的危害，从2005年起中国政府对畜产品中磺胺类药物的残留情况进行重点监测。

第三章

养猪常用参数

一、各类猪群猪舍有效建筑面积　见表1、表2。

表1　中国猪舍有效建筑面积（米²／头）

猪群种类	有效面积	饲养方式	备　　注
种公猪	12.5	地面平养	在计划整个猪场猪舍
空怀（后备）母猪	2.5～3.0	地面平养	建筑总面积时，以存
单体妊娠母猪	1.3	限位饲养	栏猪计，平均每头猪
产仔哺乳母猪	1.3	高床饲养	有猪舍2.5米²。
哺乳仔猪	0.3	高床饲养	
保育猪	0.4	高床饲养	
生长育肥猪	0.9～1.0	地面平养	

表2　欧共体91／630／EEC规程中规定猪只最低躺卧面积（1998年1月1日）

猪体重（千克）	躺卧面积（米²）
＜10	0.15
10～20	0.20
20～30	0.30
30～50	0.40
50～85	0.55
85～110	0.65
＞110	1.00

二、猪舍建筑设计参数

猪舍规格（以人字顶为例）深度8～8.5米（产房可达10米），开间3～4米，长度50～70米（视地形而定），沿口（滴水）2.6～3米，山高（四平到人字顶）1.6～1.8米。

（一）猪栏

1.繁殖舍（公猪栏与配种栏）　采用待配母猪与公猪分别相对隔通

道配置，半敞开式的饲养。公猪栏为3.0米×2.4米×1.4米，边墙高1.4米，上面采用转帘，每栏一头公猪。另外设立专门运动道。

2.限位舍 饲养妊娠35天以前的母猪，以后就移到大栏饲养。这种限位饲养模式比妊娠期全程限位有三大好处：①在此母猪安静，不能咬斗，可防止附植前和胚期流产；②妊娠早期必须减料，限位饲养食槽隔开，母猪各吃自己的那份饲料，不致造成多吃与少吃；③妊娠中后期母猪走出限位栏，大栏饲养，适当增加运动，改善母猪的福利，利于胎儿生长，减少难产发生。栏位尺寸为2.1米×0.6米×1.0米；

$$限位栏数 = \frac{母猪总数 \times 在限位栏天数}{365} = \frac{300 \times (35+35)}{365} = 58$$

或限位栏数占母猪总数的20%。300 × 20% = 60

3.产仔舍 高床，母猪产仔栏设在离地面20厘米处，漏缝地板上装有限位架（2.1米×0.6米×1.0米）、仔猪围栏（位于限位架两边，2.1米×0.5米×0.6米）、仔猪保温箱、饮水器、母猪料槽及仔猪补饲槽；

$$产床数 = \frac{母猪总数 \times 年产窝数 \times 分娩占用时间}{365} = \frac{300 \times 2 \times 45}{365} = 74$$

分娩占用时间＝进栏适应天数＋哺乳天数＋消毒时间＝7+35+3=45
或产床数占母猪总数的25%。300 × 25%=75

4.保育舍 高床保育栏设在离地面20厘米以上处，2.0米×2.0米×0.7米，漏缝地板上装有饮水器、料槽；

$$保育栏数 = \frac{母猪总数 \times 胎数 \times 头数 / 胎 \times 分娩占用时间}{365 \times 10 / 栏}$$

$$= \frac{300 \times 2 \times 9 \times 45}{365 \times 10} = 67$$

5.母猪舍 大栏，半敞开式群养，栏的尺寸为4.4米×2.0米×1.0米，边墙高1.2米，上面采用转帘。另外设立专门运动场；

$$母猪栏数 = \frac{母猪总数 - (限位栏数 + 产床数)}{4头 / 栏} = \frac{300 - (58+74)}{4} = 42$$

6.生长舍　有窗猪舍群养，栏的尺寸为 4.4 米 $\times 2.0$ 米 $\times 0.8$ 米，饲养 8 头猪。

$$\text{生长栏数} = \frac{\text{保育猪数} \times \text{保育猪成活率} \times \text{胎数}}{10 \text{头/栏}} = \frac{654 \times 96\% \times 2}{10} = 125$$

保育猪数：可查三、不同规模猪场猪群结购参数表获得。

7.肥育猪舍　半敞开式群养，栏的尺寸为 4.4 米 $\times 3.6$ 米 $\times 0.9$ 米，每栏 16 头猪

$$\text{肥育猪栏数} = \frac{\text{肥育猪数}}{16 \text{头/栏}} = \frac{1\,500}{16} = 94$$

肥育猪数：可查三、不同规模猪场猪群结购参数表获得。

（二）自动饮水器安装高度　哺乳仔猪（地板或漏缝地板至饮水器高，下同）16~18 厘米，保育猪 26~28 厘米，生长猪 40~45 厘米，公猪、母猪 60 厘米。安装猪饮水器时，饮水器应向下呈 $45°$，水流速度应调整在 1.0~1.2 升 / 分钟。

（三）食槽宽度（内空）　保育猪 18~22 厘米，20~50 千克猪 30~35 厘米，70~100 千克猪 35~40 厘米，种公、母猪 50~55 厘米。

（四）圈舍地板的落差（水平）　圈舍地板的落差应为 1：72。如：圈门至后墙排粪尿口的长度是 360 厘米，那么圈门至后墙排粪尿口的落差应为 5 厘米（360 厘米 /72），也就是建筑中所说的 5 分水。

三、不同规模猪场猪群结购参数　见表 3。

表 3　猪群结构

猪群类别	生产母猪数（头）				
	100	200	300	600	900
空怀母猪	25	46	70	140	210
妊娠母猪	53	106	160	320	480
分娩母猪	23	46	70	140	210
后备母猪	10	17	26	52	78
公　猪	4	8	12	24	36
哺乳仔猪	200	400	600	1 200	1 800
保育仔猪	219	438	654	1 308	1 962
肥育猪	495	1 005	1 500	3 015	4 500
常年存栏	1 029	2 070	3 098	6 211	9 294
全年上市商品猪	1 716	3 461	5 148	10 384	15 444

引自：华中农业大学.规模化猪场建设与管理技术研究论文汇编.2003 年 4 月

四、母猪群的优化结构　见表 4。

表 4　母猪群的结构

猪类别	百分比（%）	变动范围
后备母猪	30	凉爽季节 25%，炎热季节 35%
头胎母猪	20	15%～30%
2～5 胎母猪	40	35%～45%
6～7 胎母猪	10	5%～15%

五、规模化养猪场生产技术指标　见表 5。

表 5　养猪场主要生产技术指标

妊娠期（日）	114	每头母猪年产肉量（千克）	1 575.0
哺乳期（日）	21～35	平均日增重（克）	
保育期（日）	28～35	0～35 日龄	180
母猪断奶至受胎（日）	7～14	36～70 日龄	480
母猪平均年产胎次	2.2	71～180 日龄	850
35 天断奶产胎次	2.17	公猪年更新率（%）	33
28 天断奶产胎次	2.26	母猪年更新率（%）	25
母猪窝产仔数（头）	10.0	母猪情期受胎率（%）	80～85
窝产活仔数（头）	9.0	公母猪比例	1：25
死胎数（%）	5～7	母猪提前进产房天数	7
成活率（%）：		母猪配种后观察天数	21
哺乳仔猪	90	初产母猪妊娠期增重（千克）	60
保育猪	96	经产母猪妊娠期增重（千克）	30
生长肥育猪	98	分娩失重（千克）	17～18
0～180 日龄体重（千克）：		哺乳期失重（千克）：	
初生重	1.2	初产母猪	20～30
35 日龄	7.5	经产母猪	16～18
70 日龄	25.0	母猪生产周期平均天数	165（162～168）
180 日龄	100.0	育肥猪料重比	2.8～3.0
每头母猪的活仔（头）：		全群料重比	3.8～4.0
初生时	19.8	出栏率（%）	160～170
35 日龄	18.8	屠宰率（%）	75
70 日龄	17.5	胴体瘦肉率（%）	60～66
180 日龄	16.6		

　　参考华中农业大学.规模化猪场建设与管理技术研究论文汇编.2003年4月数据,编者作了调整、补充。

六、不同年龄猪的正常体温（℃）　见表 6。

表 6　猪的正常体温表

仔猪	架子猪 27～45 千克	肥育猪 45～90 千克	母　猪				公猪
			妊娠	产前（6～12 小时）	产后（24 小时）	产后至断奶	
39.2	39.0	38.8	38.7	39.0	40.0	39.3	38.4

　　摘编于：《猪病学》（第八版）.中国农业大学出版社。

七、各类猪群最适宜的环境温度（℃） 见表7。

表7　不同猪群的适宜温度

仔　　猪				保育猪	公猪	哺乳母猪	妊娠母猪	育肥猪
初生	1周	2周	3～5周					
35～34	34～32	29～27	26～24	25～22	23	22	20	18

保育猪断奶后第1周日温差超过2℃时，仔猪会发生腹泻、生长不良。

八、猪饲料的营养标准（中国　修改时间为1998-6-9至2000-1-13）见表8。

表8　不同猪饲料的营养标准

营养标准名称	营养标准描述	下限	粗蛋白	钙	总磷	盐	赖氨酸
		上限	（%）	（%）	（%）	（%）	（%）
代乳料	1～5千克	下限	30.0	1.0	0.80	0.37	1.40
		上限	0	1.1	1.50	0.50	3.00
乳猪料	5～10千克	下限	22.0	1.0	0.70	0.37	1.15
		上限	0	1.1	1.30	0.50	2.00
小猪料	10～20千克	下限	19.0	0.9	0.60	0.37	0.88
		上限	22.0	1.0	1.20	0.50	1.80
中猪料	20～60千克	下限	16.0	0.7	0.50	0.30	0.75
		上限	19.0	0.9	1.00	0.50	1.40
大猪料	60千克至出栏	下限	14.0	0.6	0.40	0.30	0.63
		上限	16.0	0.9	0.80	0.50	1.20
妊娠母猪一号料	妊娠前期	下限	12.0	0.6	0.49	0	0.37
		上限	13.0	1.0	0.70	0.50	0.70
妊娠母猪二号料	妊娠后期	下限	15.0	0.6	0.49	0	0.37
		上限	17.0	1.0	0.80	0.50	0.80
哺乳母猪料	哺乳母猪	下限	14.0	0.6	0.46	0	0.38
		上限	16.0	1.0	0.80	0.50	1.00
种公猪料	种公猪	下限	13.0	0.6	0.53	0	0.30
		上限	15.0	1.0	1.10	0.50	0.70
肉脂型猪一号料	20～35千克	下限	18.0	0.55	0.70	0.30	0.64
		上限	20.0	1.0	0.46	0	0.50
肉脂型猪二号料	35～60千克	下限	15.0	0.5	0.70	0.30	0.56
		上限	16.0	1.0	0.41	0	0.50
肉脂型猪三号料	60千克至出栏	下限	13.0	0.46	0.6	0.25	0.52
		上限	14.0	0.9	0.37	0	0.50
猪通用浓缩料	生长肥育猪浓缩料	下限	40.0	3.2	1.3*	1.3	2.6
		上限	42.0	3.8	1.5*	1.5	2.8

九、猪的耗料、耗水、产粪、产尿及医药费计算

主要项目有：①存栏猪每头每天平均耗料 2.0 千克；②集约化养猪场成年公母猪每头每天需水 20~30 升，哺乳母猪 30~60 升，生长育肥猪 10~15 升；③一头猪从出生到出栏（120 千克），共产粪 850~1 050 千克，尿 1200~1 300 千克；④每头存栏猪每年需要医药费（含疫苗和消毒药费）为：种猪场 40.0 元，商品猪场 20.0 元。

十、猪场人员配置

每 100 头母猪需生产人员 3 人、后勤人员 2 人。300 头母猪需生产人员 10 人、后勤人员 8 人。

十一、猪肌肉、皮下注射使用针头号数与长度　见表 9。

表 9　猪用注射器规格

猪类别	针头号数与长度
新生仔猪	9 × 10
保育猪	12 × 20
大猪	16 × 38
种猪	16 × 45

十二、猪胎儿各个阶段的长度和重量　见表 10。

表 10　猪胎儿生长参数

妊娠后天数	长度（厘米）	重量（克）	妊娠后天数	长度（厘米）	重量（克）
30	2.5	1.5	93	22.9	616.9
51	9.8	49.8	114	29.4	1 040.9
72	16.3	220.5			

引自：刘海良主译.养猪生产.中国农业出版社

主要参考文献

[1] 刘海良主译.养猪生产.北京：中国农业出版社，1998

[2] 美国大豆协会.中国养猪工业手册.1999年9月（内部资料）

[3] 曹洪战，芦春莲主编.商品瘦肉猪标准化生产技术.中国农业大学出版社，2003

[4] 华中农业大学.规模化猪场建设与管理技术研究论文汇编.2003年4月

[5] 陈健雄著.工厂化猪场保健与疾病实用控制技术.台海出版社，2004

[6] 〔美〕B.E斯特劳等主编.猪病学（第八版）.北京：中国农业大学出版社

[7] 宣长和等主编.猪病学.北京：中国农业科技出版社，2003

[8] 孙锡斌等主编.动物检疫检验彩色图谱.北京：中国农业出版社，2004

[9] 徐有生，刘少华.瘦肉型猪饲养管理手册.泸西县畜牧局等（内部资料）.2004

图书在版编目（CIP）数据

瘦肉型猪饲养管理及疫病防制彩色图谱/徐有生主编.
北京：中国农业出版社，2005.8
ISBN 7-109-10019-7

Ⅰ.瘦…　Ⅱ.徐…　Ⅲ.①肉用型－猪－饲养管理－
图谱②猪病－防制－图谱　Ⅳ.① S828.9-64
② S858.28-64

中国版本图书馆 CIP 数据核字（2005）第 088014 号

中国农业出版社出版
（北京市朝阳区农展馆北路 2 号）
（邮政编码 100026）
出版人：傅玉祥
责任编辑　郭永立

中国农业出版社印刷厂印刷　　新华书店北京发行所发行
2005 年 9 月第 1 版　　2006 年 3 月北京第 2 次印刷

开本：889mm × 1194mm　1/32　印张：8
字数：120 千字　　印数：6 001～11 000 册
定价：48.00 元
（凡本版图书出现印刷、装订错误，请向出版社发行部调换）